365天氣炸鍋料理

從三餐、甜點到下酒菜

一個人×一家人的省時・減油・美味料理

Prologue

國民家電——氣炸鍋的 200% 完全使用指南

有種電器曾經刮起缺貨旋風，之後成為每個家庭必備的國民電器，這個熱銷一空的家電就是——不用油就能炸的氣炸鍋。現在家家戶戶可以說是「不是已經擁有氣炸鍋，就是正在考慮買一台氣炸鍋」。

究竟為什麼氣炸鍋這麼受歡迎呢？最重要的原因，就是使用上輕鬆簡單。氣炸鍋能讓繁複的料理過程，瞬間變得簡易。除此之外，氣炸鍋的功用幾乎能涵蓋到其他家電，因為它除了可以無油烘炸、烤魚肉料理等基本功能外，也可以用於讓食材乾燥、烘焙麵包和甜點，用途非常廣泛，甚至用它加熱後的食物也特別好吃，能讓變軟的炸雞回到完美的酥脆狀態。相較於微波爐或一般的烤箱，氣炸鍋的用途可說更加豐富多元。

除了可以用來製作乾燥蔬菜、水果等健康的點心，或是完成搭配下午茶的烤餅乾，甚至於炸洋蔥圈、烤蝦、烤肉等下酒菜，氣炸鍋也能完美勝任。

本書收錄的料理食譜都是簡單又美味的，包括點心、下酒菜，以及派對餐和獨享料理。如果只將氣炸鍋用來炸冷凍食品或烤地瓜就太可惜了，其實有許多意想不到的料理也都能用氣炸鍋製作。

想做出美味又健康的氣炸鍋料理並不難，只要跟著這本書，你也能 200% 活用氣炸鍋。

氣炸鍋使用說明書

Part
01

—

烤一下就完成的 超簡單料理

Part

02

—

來點不一樣的 零嘴、點心

Part

03

—

一個人也能享受 美味的獨食料理

Contents

Part
04

—

配一杯酒也超滿足的下酒菜

Part

05

一起吃吃喝喝超幸福的家庭派對

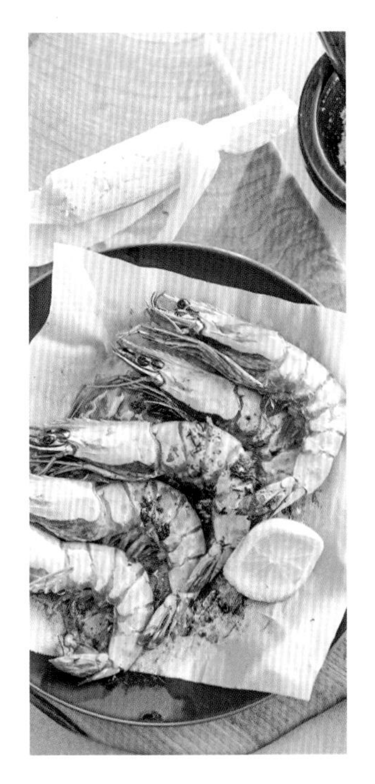

Part

06

不用羨慕麵包店甜點也能自己在家做

什麼是氣炸鍋？該如何開始使用？

想要充分善用這個工具，就要完整地了解氣炸鍋。一起來看看它和其他家電用品有什麼不同？它的運作原理是什麼，又有什麼優點？

氣炸鍋的原理

氣炸鍋是以加熱管（俗稱蚊香，如上圖）和啟動熱循環的高速盤構成，溫度最高可運轉到200℃，讓食物熟成。熱氣會讓食物表面的水分快速蒸發，並且達到外表酥脆，內部卻保持軟嫩的口感。

氣炸鍋和烤箱有什麼不同？

氣炸鍋也可以烤麵包、餅乾。大容量的氣炸鍋，外型和烤箱很相似，不過，一般烤箱和氣炸鍋最大的差異點在於熱源不同。

一般烤箱的缺點是只有接近電線的地方會快速加熱，補足這項缺點的就是用烤盤幫助熱循環的對流式烤箱。而氣炸鍋的原理就類似於對流式烤箱，利用均勻的熱循環來快速加熱。另外，氣炸鍋體積較小，容易使用和清洗，價格也相對實惠。

氣炸鍋具備以下的優點

操作簡易

只要知道溫度和時間，任何人都能輕鬆料理。操作時只要轉按按鈕，設定好時間、溫度即可。

料理過程超簡單

只要放入食材，設定溫度與時間，一道料理就完成了。因為不必使用到其他工具，所以收拾清洗時也十分方便。

降低油煙味

因為料理時鍋具接近密閉的狀態，所以不會噴油，因此相較於直接使用油鍋去炸，可以大幅降低油煙味。尤其料理肉類或魚類時，更乾淨方便。

降低卡路里

用氣炸鍋料理時，食材本身的油也會被逼出，因此可以減少油分攝取。對於正在減肥或需要控管飲食的人來說，能減少卡路里負擔。

減少用油

氣炸鍋料理使用食材本身的油分，因此不太需要額外用油。尤其料理炸物或冷凍食品時，只要抹少量的油，就能做出酥脆口感。

如何選擇合適的容量

3L以下

能料理1~2人的份量。價格相對便宜、體積比較小，所以收納容易。但若要料理大份量時，則需要分多次使用。

5L以上

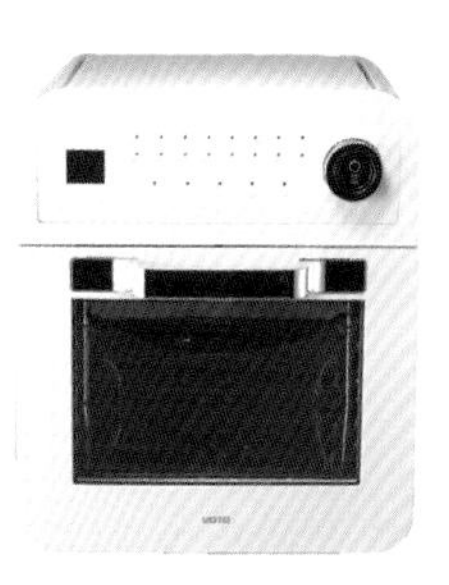

可以一次料理大份量，適合三人以上或常招待朋友的家庭。容量愈大，鍋內熱循環愈佳，可以縮短料理時間，並讓食物受熱更均勻。

用氣炸鍋變出美味的祕訣

特別要注意的就是溫度與時間的設定，以及食材盡量不能疊放，只要記住這些要點，絕對能做出美味的料理，是不是很簡單呢？

掌握家中氣炸鍋的溫度和時間

雖然氣炸鍋的原理都一樣，但不同廠牌、不同容量的加熱管、熱傳導會有些微差異。書中示範的氣炸鍋為10L的容量，如果手邊是2.5L或3L等小容量的氣炸鍋，則視需求再斟酌調整時間。

要確認氣炸鍋的特性，可以先參考書中介紹的食譜，選擇配料較少的料理，先按照書中的時間設定試炸一下，或是參考氣炸鍋的使用說明書，再以料理完成的食物狀況確認要增加或減少的時間，不必害怕器具和食譜使用的不同。開始製作美味料理前，先了解自己的氣炸鍋吧！

開始料理前先預熱

預熱可以讓食材均勻熟透，並且維持原本的模樣，然而，每種食材的預熱時間和溫度都不太相同，建議要先確認再設定。尤其像五花肉這種比較厚的食材，更需要事先預熱。

食材需適量用油

儘管氣炸鍋的用油量明顯減少，是它的一大優點。不過，若用油不足，會導致料理太乾硬，因此，建議能依食材需求來調整油量。

食材平鋪不重疊

想要炸出酥脆口感，擺放時要避免食材重疊。因為重疊的地方會因為碰觸不到空氣，而影響口感，甚至有可能導致食物無法煮熟，操作時要多加留意。

氣炸過程中翻動食材

若想要讓食材熟透，建議過程中至少要翻面一次。如果是炸物，翻一次即可，但若是較厚的肉，則建議要增加確認次數。

氣炸鍋的清理方式

氣炸鍋清洗和收納容易，但也有需要特別注意的事項。尤其，內部若有刮傷，需要特別小心處理。一起來看看從第一次使用，以及使用後的清理、收納方式吧！

初次使用時先開鍋

第一次使用前，先以200℃運轉約10分鐘，消除內部的異物和味道。內部表面可以用紙巾沾醋水充分擦拭。

趁有餘溫時清洗

使用氣炸鍋後，要在熱度消散之前，用紙巾擦去油脂。若要使用清潔劑，也建議在還有熱度時，加以清理乾淨。

使用軟質菜瓜布

清洗內部時，要使用軟質菜瓜布。若用鐵刷或較硬的材質會有刮傷的疑慮，所以建議用軟質菜瓜布沾清潔劑後，再擦拭即可。

汙漬用小蘇打和食醋擦拭

如果內部留有食物汙漬，可以加入溫水、小蘇打和少許食醋，放置10分鐘以上，再輕輕擦拭。

烤橘子皮消除味道

如果內部留有異味，可以放柳丁、橘子、檸檬等柑橘類的皮，以140℃ 以上烤15分鐘。如果還有味道殘留，可以反覆操作兩三次。

加水運轉清洗內部

如果氣炸鍋的加熱管有露出，可以先加一些水，並空轉機器。氣炸鍋運轉時，會產生蒸氣，再以紙巾擦拭即可。

拭乾、放於乾燥的地方

清洗結束後，要將內部擦拭乾淨。擦拭後，讓機器空轉5分鐘，確認所有的地方都乾了，再放置在乾燥處。

搭配使用更方便的小工具

使用氣炸鍋料理時，有以下這些工具會更容易上手！

噴油瓶

用以均勻灑油且避免加入過量的油，幫助料理保持酥脆。如果沒有噴油瓶，也可以使用刷子、湯匙來替代，方便均勻塗抹。

烘焙紙

料理油較多的食材時，底層墊上一張烘焙紙，會讓後續清理更為方便。不過，要避免使用太多張，以免妨礙熱循環，導致延長料理時間，或影響食材不易熟透。

耐熱容器

烤箱專用的耐熱容器，使用陶瓷、強化玻璃、金屬等材質皆可。尤其會出水的食材更是建議使用。

免洗鋁盤

若不方便使用耐熱容器，或希望後續清洗更方便，也可以用免洗鋁盤。若要處理水分較多的食材，也可以用鋁箔紙代替。

隔熱手套

因為鍋內溫度最高可達到200℃，為避免燙傷，最好準備隔熱手套。材質上可以選擇棉質隔熱手套或矽膠隔熱手套。

開始前需要先知道的計量法

1大匙＝15mL
裝滿湯匙的量

1小匙＝1/3大匙＝5mL
裝滿茶匙的量

1杯＝13.5大匙＝200mL
裝滿紙杯的量

提升料理美味外觀的配料，也能用氣炸鍋做！

蒜片、麵包丁、培根片、小番茄乾，這些配料放到任何料理上，都是美觀又美味的裝飾。就自己動手做做看這些配料吧！

炸蒜片
100℃　10分鐘

炸麵包丁
120℃　15分鐘

小番茄乾
120℃　60分鐘

烤貝果片
150℃　10分鐘

炸培根片
180℃　20分鐘

蒜頭切薄片｜ 培根切1公分大小｜ 貝果切0.5公分大小薄片、吐司切2×2公分｜ 小番茄對半切開，加一點橄欖油攪拌。放入氣炸鍋中，設定溫度和時間，注意食材不要疊放。

讓料理風味加倍的醬料

這些醬料的製作十分簡單，卻可以讓料理的風味更美味！只要將美乃滋、醬油、優格等常見的材料混合攪拌就可以了。用來搭配氣炸鍋烤、炸後的料理，品嘗看看是不是更好吃了。

東方醬（Oriental sauce）

蘸醬（Dipping sauce）

羅勒醬

優格醬

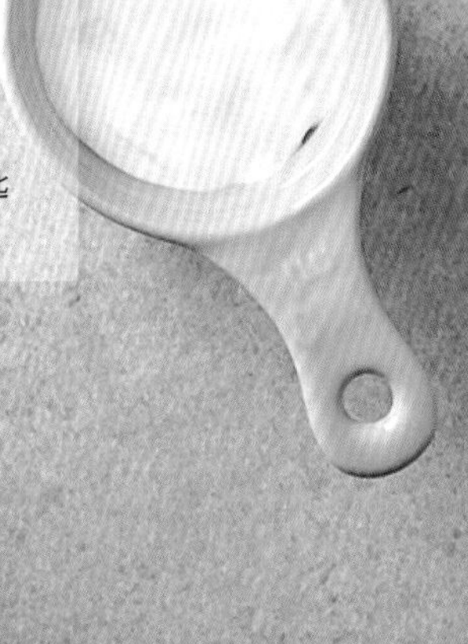

東方醬｜ 醬油、橄欖油、醋各2大匙、砂糖1大匙、蒜末1/2小匙
羅勒醬｜ 羅勒葉1把、蒜頭3粒、橄欖油3大匙、堅果、鹽、胡椒各少許
蘸醬｜ 美乃滋2大匙、食醋・果糖各1/2大匙、蒜末1小匙、胡椒粉少許
優格醬｜ 原味優格2大匙，檸檬汁、蜂蜜各1大匙，洋蔥末・蒜末各1小匙
辣美乃滋醬｜ 青陽辣椒1條，美乃滋、辣椒醬各2大匙，砂糖1小匙

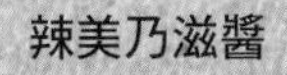

辣美乃滋醬

TIME
VOTO

Part

01

烤一下就完成的超簡單料理

SIMPLE AND EASY ROAST

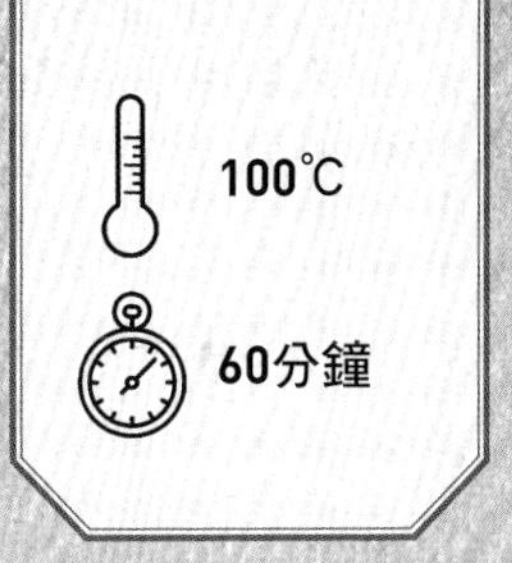

乾燥水果片

氣炸鍋也可以用來讓食物乾燥。先將水果切片再烤即可，完成後不只可以用來裝飾料理，也是健康又美味的小點心。

材料

香蕉
奇異果
蘋果
柳丁等適量

作法

1. **清洗水果**　將水果切薄片，並留意切的力道，盡量保持水果的外型。
2. **放入氣炸鍋**　將水果攤放在烤網上，溫度設定100℃，約烤60分鐘，烘烤過程記得翻面。

一次不能烤太多，且要避免疊放才能烤得均勻。
以低溫慢烤，才能做烤出酥脆的水果片。若溫度太高，可能在乾燥之前就燒焦了。

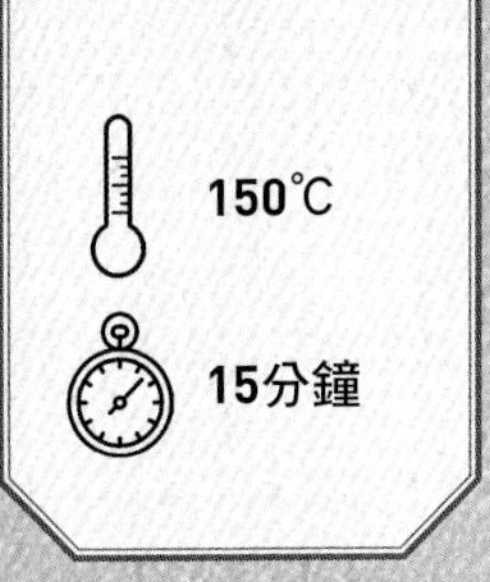

乾燥蔬菜片

只要有氣炸鍋，就能將蔬菜做成健康的點心。建議每次烤的份量足夠單次食用就可以了，若一次烤太多，容易出現烤得不均勻的問題。

材料

蓮藕
地瓜
南瓜
馬鈴薯等適量

作法

1. **處理蔬菜**　將南瓜、地瓜、蓮藕、馬鈴薯洗淨，切成薄片。
2. **泡冰水去除澱粉**　再把地瓜、蓮藕、馬鈴薯浸泡冰水約10分鐘，以去除多餘的澱粉（表面黏液），撈出之後再拭乾水分。
3. **放入氣炸鍋**　將蔬菜平鋪在烤網上，並避免疊放，將溫度設定150℃烤15分鐘，烘烤過程中要翻面。

TIP

★ 處理南瓜時，可以先對半切開，用湯匙將籽挖乾淨，再切薄片。
★ 為了烤起來更清爽酥脆，地瓜、蓮藕、馬鈴薯切片後，請記得要先泡冰水去除多餘的澱粉（表面黏液）。

200℃
40-50分鐘

烤地瓜

在家烤地瓜，更能享受香甜又熱呼呼的美味。地瓜依大小不同，熟的速度不一，中途記得要確認熟的狀況。

材料

地瓜5個

作法

1. **清洗地瓜**　將地瓜清洗乾淨後拭乾。
2. **放入氣炸鍋**　溫度設定200℃，按地瓜熟的速度大約烤40～50分鐘，中途記得翻面確認熟的情況。

200℃

30分鐘

烤栗子

氣炸鍋也能烤栗子。像栗子這種比較硬的食物，記得要先稍微將殼劃開，若沒有先處理，烤的時候可能造成爆裂危險。

材料

栗子15顆

作法

1. **處理栗子**　將栗子浸泡於冰水約30分鐘，待軟化後在殼上劃十字。
2. **放入氣炸鍋**　溫度設定200℃烤30分鐘，中途要記得翻動。

150℃

15分鐘

烤雞蛋

用氣炸鍋烤雞蛋，可以做出如同汗蒸幕雞蛋般有嚼勁的口感。若雞蛋是放在冰箱保存，為避免烤的時候產生爆裂，料理前要先取出放在室溫一小時左右回溫。

材料

雞蛋3個

作法

1. **清洗雞蛋**　將雞蛋放在室溫退冰一段時間，再洗淨、拭乾。
2. **放入氣炸鍋**　溫度設定150℃烤15分鐘，過程中需要滾動一下雞蛋。

烤堅果

180℃

10分鐘

平時用來調味的堅果，用氣炸鍋就能做成酥脆爽口的點心！另外，烤過的堅果，也很適合當作其他料理的點綴。

材料

綜合堅果適量

作法

1. **放入氣炸鍋**　溫度設定180℃烤10分鐘，過程中要翻動，讓堅果烤得更均勻。

冷凍海苔捲

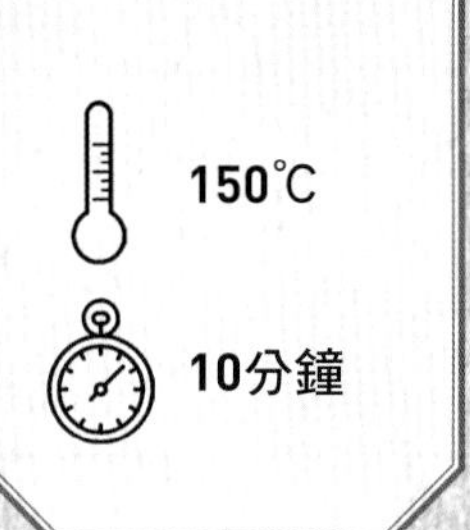

用氣炸鍋料理過的海苔捲，即使不抹油烤，海苔捲內的油脂也會被釋放，呈現出金黃色澤和酥脆口感。因為不額外加油烤，吃起來更清爽許多。

材料

冷凍海苔捲10個

作法

1. **放入氣炸鍋**　溫度設定150℃烤10分鐘，烤到海苔捲呈金黃色，即完成。

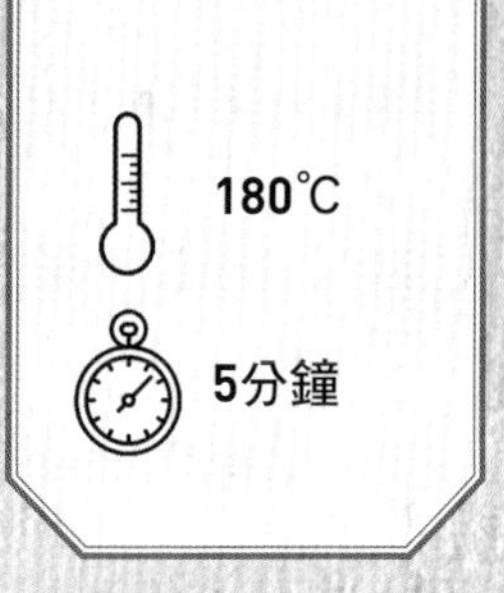

烤德國香腸

露營最愛的美味火烤香腸，也能用氣炸鍋還原！只要先將德國香腸劃幾刀，就能放到氣炸鍋中烤了。

材料

德國香腸20個
食用油少許

作法

1. **處理香腸** 在德國香腸上劃幾刀。
2. **放入氣炸鍋** 灑上少許的食用油，溫度設定180℃烤5分鐘。

180°C

12分鐘

烤魷魚一夜干

氣炸鍋能把魷魚一夜干烤得更有嚼勁！若烤太久，魷魚會變硬，但只要中途記得確認熟度、調整時間就沒問題。

材料

魷魚一夜干1隻

作法

1. **放入氣炸鍋**　將魷魚一夜干放入180°C的氣炸鍋烤6分鐘，翻面後再烤6分鐘即完成。

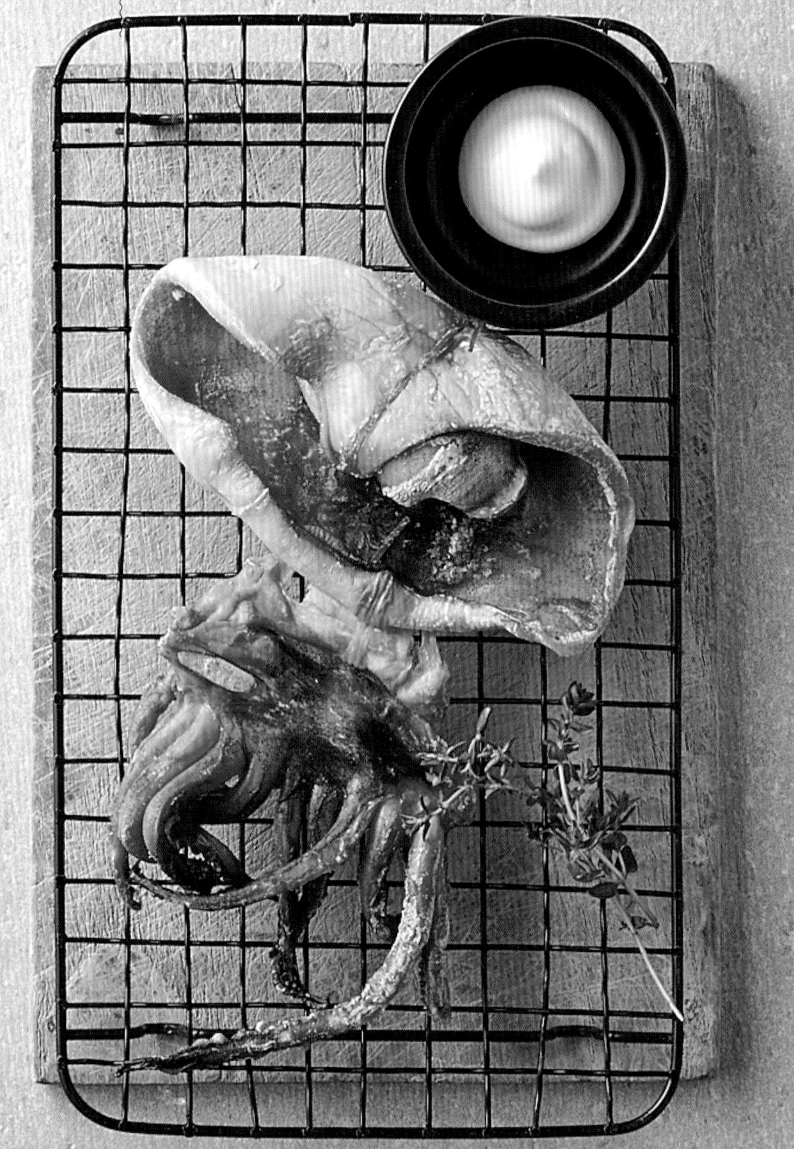

烤魚板

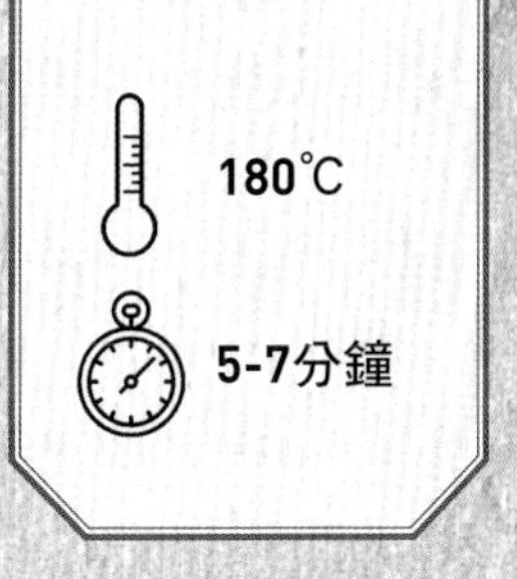

韓國大街小巷最知名的魚板小吃，也能用氣炸鍋做出清淡口感。抹上一些食用油，就能烤得像小攤販的炸物一樣酥脆。

材料

四方魚板2塊

作法

1. **處理魚板**　將魚板切成長條狀。
2. **放入氣炸鍋**　溫度設定180℃烤5～7分鐘，過程中要翻面一次。

魚板本身帶有一些油，所以烤的時候不加油也無妨，喜歡更酥脆口感的人，可以再加點油進去。

180℃

5分鐘

隔餐披薩

將因冷藏而變硬的披薩放入氣炸鍋中烤，能回到如同剛烤好般的柔軟嫩口感。

材料

冷藏或冷凍的披薩

作法

1. **放入氣炸鍋**　將披薩放入氣炸鍋中，以溫度180℃烤5分鐘。

若披薩是從冷凍庫中取出，可以將溫度調低，並延長烘烤的時間。

隔餐炸雞

180℃

7分鐘

上一餐沒吃完的炸雞放入氣炸鍋中烤，氣炸鍋的熱風會讓炸衣的水分蒸發，使得炸雞變酥脆。

材料

冷藏或冷凍的炸雞依需求量

作法

1. **放入氣炸鍋**　將炸雞放入氣炸鍋中，以180℃的溫度烤7分鐘。

烤的時間可依炸雞份量及保存狀態調整，若量多或冷凍保存的話，可以延長烤的時間。

烤布里起司

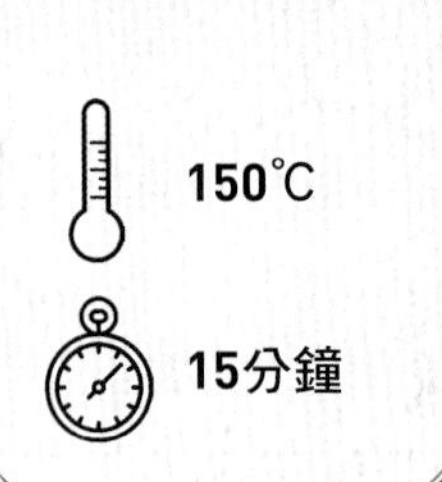

烤後的布里起司外硬內軟，風味比料理前更好、更美味，也可以搭配紅酒，當作下酒菜。

材料

布里起司1塊

作法

1. **用氣炸鍋烤**　將布里起司放上鋁箔紙，放入溫度150℃的氣炸鍋烤15分鐘即完成。

香草鹽

90℃

30分鐘

將迷迭香或百里香、羅勒等香草搗碎，加上天然海鹽，再用氣炸鍋烤，就能享受天然的風味。

材料

天然海鹽1杯
香草（迷迭香或百里香、羅勒）適量
胡椒粉少許

作法

1. **處理香草**　將香草洗淨、拭乾後搗碎。
2. **放入氣炸鍋**　將天然海鹽、搗碎的香草和胡椒粉放在烘焙紙上，放入氣炸鍋中以溫度90℃烤30分鐘即完成。

香草的量可以依照喜好調整。可以將各種香草一次混勻，也可以個別加入。

TIME
VOTO

Part
02

來點不一樣的
零嘴、點心

SNACKS
AND
SPECIAL DISHES

180℃

20分鐘

照燒烤雞翅

先將雞翅用甜中帶鹹的照燒醬醃過，再以氣炸鍋烤。照燒醬的滋味搭配雞翅的口感，讓人愛不釋手。

材料

雞翅10支

醬料

- 味醂1大匙
- 鹽、胡椒粉各少許

照燒醬

- 醬油2大匙
- 味醂1大匙
- 蠔油1/2小匙
- 梅汁1大匙
- 碎蒜頭1大匙
- 胡椒粉少許

作法

1. **處理雞翅**　將雞翅多餘的油脂去除，並於雞翅上劃幾刀，方便之後醃得更入味。
2. **醃製雞翅**　以味醂、鹽、胡椒粉均勻塗抹雞翅，放置約15分鐘。
3. **準備醬料**　取大碗將照燒醬材料放入混合後，將醃好的雞翅放入，均勻抹上照燒醬後，靜置30分鐘。
4. **放入氣炸鍋**　在氣炸鍋中鋪烘焙紙，放入雞翅，以溫度180℃烤10分鐘，翻面後再烤10分鐘。

1

3

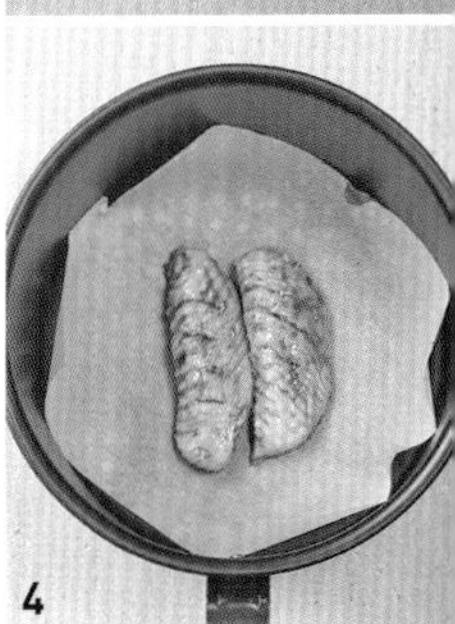

4

TIP

- 如果覺得做醬料過於麻煩，也可以直接使用市售的照燒醬。
- 用雞腿肉製作也很美味。

180℃

10分鐘

迷你夜市熱狗

孩子們特別喜歡的小熱狗。因為製作麵衣程序較麻煩，不妨用吐司代替麵衣，一起烤也很酥脆好吃。

材料

吐司5片
雞蛋2顆
牛奶2大匙
熱狗10根
叉子10支
麵包粉1杯
食用油少許
香芹粉少許

作法

1. **切、壓吐司** 將吐司切邊、再對半切，接著以擀麵棍將吐司壓扁。
2. **混合蛋液和牛奶** 雞蛋打散後，加入牛奶拌勻。
3. **以吐司包熱狗** 將熱狗放到吐司邊上，捲起，再以木叉子固定。
4. **沾雞蛋液、麵包粉** 將步驟3.的成品浸入雞蛋液中，再沾麵包粉。
5. **灑油烤** 在氣炸鍋中鋪烘焙紙，放入熱狗，灑上食用油，以溫度180℃烤10分鐘。
6. **盛盤調味** 裝盤後，撒上香芹粉調味。

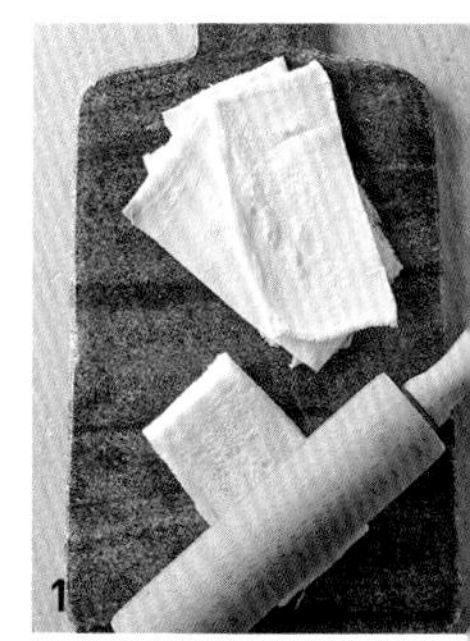
1

3

TIP

★ 若喜歡吃傳統的熱狗，就用熱狗麵衣（做法請參考第42頁）取代吐司。
★ 想製作辣味的迷你熱狗，只要在麵包粉中加入1大匙辣椒粉就行了。

馬鈴薯煎餅

將切絲的馬鈴薯，加入培根、披薩起司攪拌，再烤到呈金黃就完成了。這道馬鈴薯煎餅適合當作點心，當早午餐也毫不遜色。

材料

馬鈴薯（大型）1個
培根2片
鹽少許
披薩用乳酪絲1/2杯
馬鈴薯粉1大匙
橄欖油2大匙
香芹粉少許

作法

1. **切馬鈴薯、培根**　將馬鈴薯儘量切細絲，口感才會酥脆，泡水後、瀝乾，再加少許鹽。培根也切成類似的細絲。
2. **混合食材**　將馬鈴薯絲、培根、披薩用乳酪絲、馬鈴薯粉、橄欖油攪拌均勻。
3. **放入氣炸鍋**　在氣炸鍋底部鋪上烘焙紙，將步驟2.的成品放到烘焙紙上，並留意不要鋪得過厚，以免無法均勻熟透，以溫度180℃的氣炸鍋烤10分鐘，之後再翻面烤5分鐘，即可盛盤，再撒上香芹粉調味。

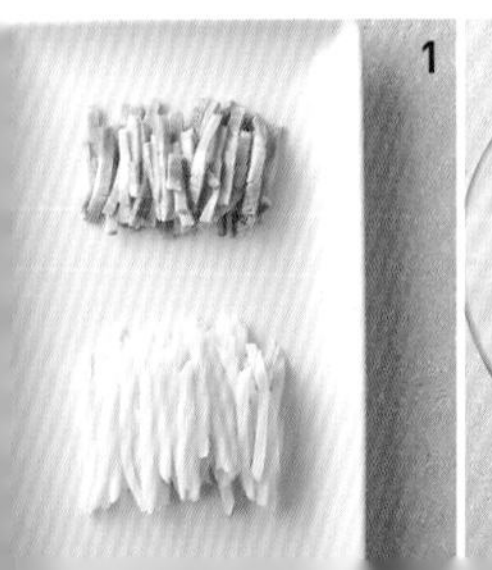
1

2

3

楓糖拔絲地瓜

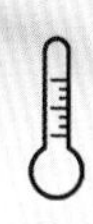
180℃

20分鐘

以氣炸鍋取代油炸，楓糖拔絲地瓜也能清爽而美味。

材料

地瓜2個
楓糖8大匙
黑芝麻少許

作法

1. **切地瓜**　將地瓜去皮、切成一口吃的大小。
2. **放入氣炸鍋**　在氣炸鍋中鋪烘焙紙，放入切好的地瓜，以溫度180℃烤20分鐘。
3. **淋楓糖**　將地瓜烤至呈金黃後，淋上楓糖，再烤5分鐘，若想改變口味，也可以用蜂蜜或柚子醬代替楓糖。
4. **撒黑芝麻**　將地瓜放入盤中，再撒上黑芝麻即完成。

莫札瑞拉起司條

速食店賣的起司條，其實在家就能製作。自製的起司條還能降低油膩感、更加清爽，以炸熱狗的麵衣包裹起司條，對小孩子來說是特別有吸引力的美味點心。

材料

熱狗麵衣

- 雞蛋1顆
- 牛奶20mL
- 鬆餅粉100g

起司條6條
竹籤12支
麵包粉1杯
食用油少許

作法

1. **製作熱狗麵衣**　將雞蛋打散，加入牛奶拌勻，再加入鬆餅粉攪拌。
2. **插上起司**　將起司條對半切開，再插上竹籤。
3. **裹上熱狗麵衣**　將步驟2.的起司條放入步驟1.的麵衣中，再均勻沾上麵包粉。
4. **加食用油烤**　均勻噴上食用油後，放入180℃的氣炸鍋烤12分鐘，即可盛盤享用。

1

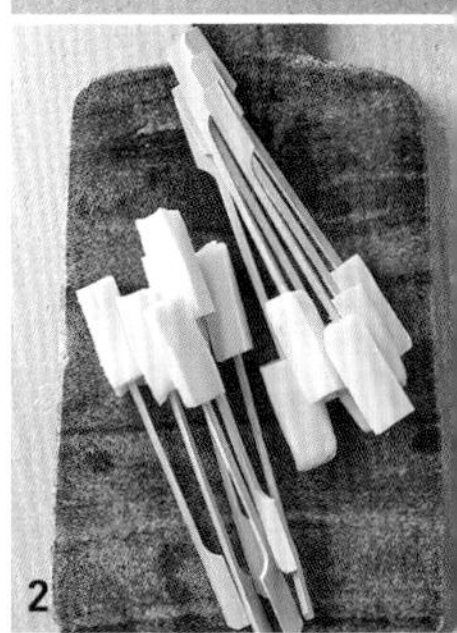
2

3

TIP

★ 在烤起司條的過程中，最重要的是不能讓起司流出來。所以，裹上熱狗麵衣時，要完全包住起司條，儘量不要露出起司，沾麵包粉時，也要記得用手壓牢。

180℃

12分鐘

肉桂地瓜薯條

這道裹上肉桂糖的肉桂地瓜條，酥脆的口感，是看電視時一邊享用的好夥伴。

材料

地瓜2個
食用油少許

肉桂糖
- 砂糖2大匙
- 肉桂粉1小匙

作法

1. **切地瓜**　將地瓜去皮，並切成0.5公分的細絲；並先將砂糖、肉桂粉混合拌勻成肉桂糖備用。

2. **泡水去澱粉**　將切好的地瓜絲泡水去除多餘的澱粉（表面黏液），再拭乾。
3. **加食用油烤**　將地瓜均勻噴上食用油後，放入180℃鋪入烘焙紙的氣炸鍋中烤12分鐘。

4. **撒肉桂糖**　將烤好的地瓜盛入盤中，撒上肉桂糖。

TIP

★ 在地瓜條冷卻之前撒肉桂糖，才能均勻沾上。
★ 想要更輕鬆地均勻抹上肉桂糖，只要將地瓜薯條和肉桂糖一同放入塑膠袋中搖一搖就可以了。

炸馬鈴薯丸子

試著將煮熟的馬鈴薯搗碎，做成可以一口食用的馬鈴薯丸子吧！加入各種蔬菜一起烤的馬鈴薯丸子，既美味，又能填飽肚子。

材料

馬鈴薯（大型）2個
鹽、胡椒粉各少許
洋蔥1/4顆
櫛瓜1/8個
紅蘿蔔1/4個
甜椒1/4個
食用油少許

炸衣

- 雞蛋2個
- 麵包粉1杯

作法

1. **搗碎、馬鈴薯調味**　將馬鈴薯煮熟後，趁熱搗碎，再加入鹽和胡椒粉調味。
2. **蔬菜切細、加入馬鈴薯泥**　將洋蔥、櫛瓜、紅蘿蔔、甜椒切細碎，和馬鈴薯拌勻，揉成球狀。
3. **沾炸衣**　在碗中打入雞蛋，將馬鈴薯丸子表面依序沾上蛋液、麵包粉。
4. **用氣炸鍋烤**　在氣炸鍋中鋪烘焙紙，放上馬鈴薯丸子，灑上食用油後，以溫度180℃烤10分鐘，翻面再烤10分鐘，完成後即可盛盤享用。

1

2

4

TIP

★將馬鈴薯去皮、切塊後再煮，就能更快熟透。
★要將蔬菜切得細碎，麵團才不會散開。

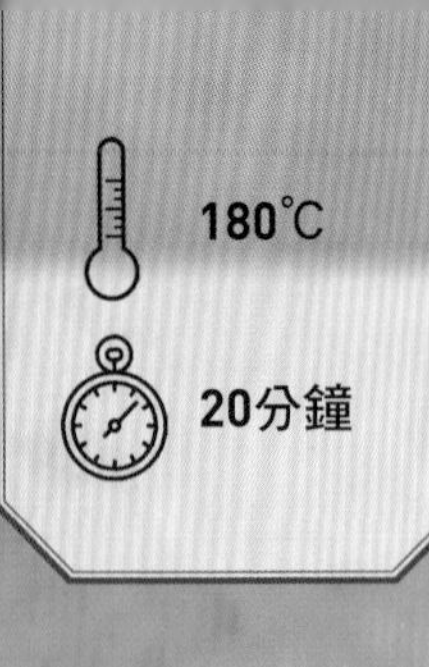

帕瑪森起司烤玉米

美味的烤玉米也能用健康食材自己製作。撒上香味十足的起司粉和提升辣味口感的辣椒粉，讓人忍不住一口接一口。

材料

醬料

- 砂糖3大匙
- 美乃滋2大匙
- 融化的奶油2大匙

熟玉米2條
帕瑪森起司粉4大匙
香芹粉少許
辣椒粉少許

作法

1. **製作醬料**　將砂糖、美乃滋和奶油拌勻，做成醬料。
2. **玉米抹醬**　用刷子把醬料均勻刷在玉米上。
3. **放入氣炸鍋**　在氣炸鍋中鋪烘焙紙，放入玉米，以溫度180℃烤10分鐘，翻面後再烤10分鐘。
4. **撒上起司粉**　在烤好的玉米均勻撒上帕瑪森起司粉、香芹粉和辣椒粉。

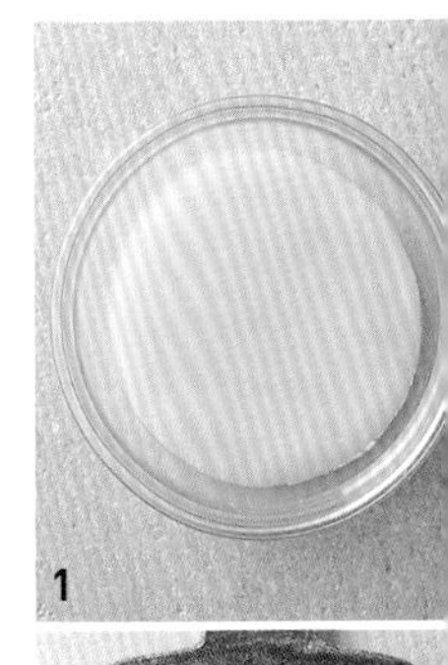

TIP

★ 煮玉米時，加少許的砂糖和鹽，能更提味。
★ 如果是要給小朋友吃，可以斟酌辣椒粉的量，或是完全不加。

180℃

10分鐘

起司年糕串

這是以年糕串加上香濃起司的點心。年糕加上烤用起司，再塗抹辣甜醬料，口感一流。

材料

年糕10塊
烤用起司120g
竹籤4支

抹醬

- 番茄醬2大匙
- 辣椒醬1大匙
- 果糖2大匙
- 碎蒜頭1小匙

作法

1. **切年糕、起司**　將年糕和起司切成適當且一致的大小。
2. **插入竹籤**　將年糕和起司依序串上，做成年糕起司串。
3. **製作抹醬**　將番茄醬、辣椒醬、果糖和碎蒜頭混合拌勻。若想降低辣度，可減量辣椒醬。
4. **抹醬料烤**　將年糕串放到烘焙紙上，先抹上一面的醬料，以180℃的溫度烘烤5分鐘，再翻面抹醬料，繼續烤5分鐘即完成。

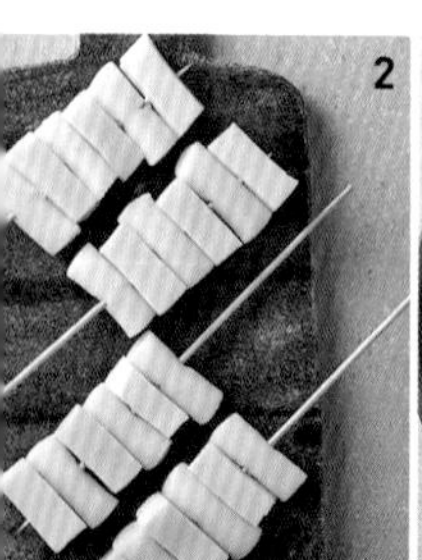

2

4

TIP

★抹醬加入碎堅果可以增加香氣。

年糕吉拿棒

180℃

20分鐘

充滿嚼勁的烤年糕，搭配香甜煉乳和香氣十足的肉桂粉，做出來的這道吉拿棒，魅力不同於用麵粉製作的吉拿棒。

材料

條狀年糕20條
煉乳2大匙

肉桂糖
- 砂糖2大匙
- 肉桂粉1小匙

作法

1. **處理年糕**　將年糕切成方便食用的大小，浸泡溫水後取出、瀝乾。
2. **用氣炸鍋烤**　在氣炸鍋中鋪烘焙紙，放入年糕，以溫度180℃約烤20分鐘。
3. **製作肉桂糖**　將砂糖和肉桂粉拌勻，做成肉桂糖。
4. **撒肉桂糖**　烤好的年糕盛入盤中，淋上煉乳、撒肉桂糖。

TIP

★ 可用其他種類的年糕替換條狀年糕；亦可用果糖取代煉乳。

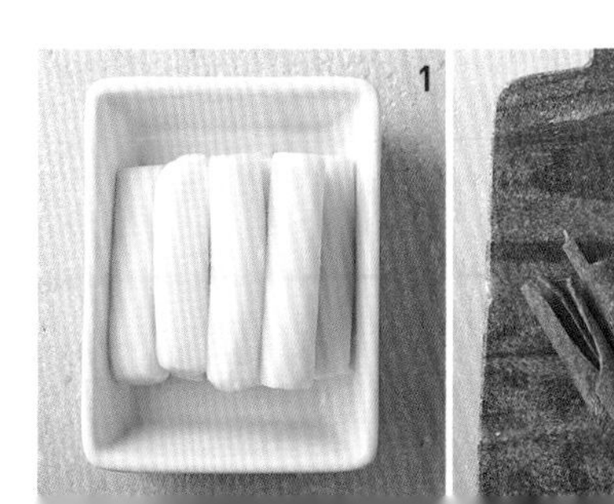
1

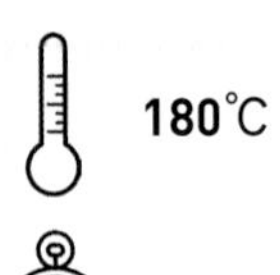

180℃

5分鐘

芝麻葉墨西哥薄餅披薩

在墨西哥薄餅上加上滿滿的生莫扎瑞拉起司和新鮮的芝麻葉，就能做出美味的披薩。在家也能製作出媲美義大利餐廳的滋味。

材料

芝麻葉20g
墨西哥薄餅1片
番茄醬4大匙
披薩用乳酪絲1/2杯
生莫扎瑞拉起司100g
小番茄乾7顆

作法

1. **清洗芝麻葉**　將芝麻葉以流水洗淨、瀝乾備用。
2. **抹醬料、撒披薩用乳酪絲**　在墨西哥薄餅上抹番茄醬、撒上披薩用乳酪絲。
3. **放上配料**　挖幾塊生莫扎瑞拉起司，放到步驟2.的成品上，並擺入小番茄乾。
4. **用氣炸鍋烤**　放入氣炸鍋中以溫度180℃烘烤5分鐘，至表面呈金黃。
5. **放上芝麻葉**　將烤好的披薩取出放入盤中，最後放上芝麻葉。

2

3

TIP

★ 小番茄乾的製作方式請參考第14頁。
★ 如果沒有小番茄乾，也可以使用新鮮的小番茄。
★ 芝麻葉可以改用菠菜或其他適合做成沙拉的蔬菜。

柚子醬炸餃子

平凡水餃的華麗變身！炸到酥脆的水餃也有清爽的吃法，將水餃放涼後沾上柚子醬料，十分涼爽、美味。

材料

冷凍水餃16顆
食用油少許

柚子醬料

- 柚子醬3大匙
- 食醋1大匙
- 醬油1/2大匙
- 橄欖油2大匙
- 鹽少許

作法

1. **水餃沾食用油**　將冷凍水餃均勻沾滿食用油。
2. **烤水餃**　氣炸鍋中鋪入烘焙紙，均勻放入水餃，再以溫度180℃烤15分鐘，翻面再烤5分鐘。
3. **製作柚子醬料**　將柚子醬、食醋、醬油、橄欖油和少許的鹽混合攪拌均勻。
4. **沾柚子醬料**　將烤好的水餃稍微放涼後沾取柚子醬料即可享用。

1

2

3

TIP

★ 使用薄皮的水餃製作會更清爽美味。

180℃

15分鐘

綜合炸蔬菜棒

使用氣炸鍋炸食物，能直接逼出食物本身的油脂，減少額外的用油，酥脆好吃又能保留食材原本的營養。用天然的食材製作，讓健康美味都加倍。

材料

南瓜100g
櫛瓜100g
山藥100g
四季豆10根
鹽、胡椒粉各少許
食用油少許

炸衣

- 酥炸粉1/4杯
- 帕馬森起司粉4大匙
- 麵包粉1杯
- 香芹粉少許
- 雞蛋2顆

作法

1. **準備蔬菜**　將南瓜切成薄片，櫛瓜和山藥切成2×6公分大小，撒上鹽和胡椒粉。
2. **準備炸衣**　①酥炸粉和帕馬森起司粉混合拌勻，②麵包粉和香芹粉另外混合拌勻，③將蛋打散成蛋液備妥。
3. **裹上炸衣**　將準備好的蔬菜均勻裹上①再沾上③，最後放入②中均勻沾裹並壓實。
4. **加食用油烤**　放入氣炸鍋中並灑上食用油，以溫度180℃烤10分鐘，翻面再烤5分鐘，即完成。

TIP

★ 若是冷凍過的食材，為了避免讓炸衣結塊，記得要先解凍、拭乾水分，才沾上炸衣。
★ 蔬菜可以依照個人喜好改變，或是使用家中冰箱剩下的蔬菜。

TIME
VOTO

Part

03

一個人也能享受美味的獨食料理

MEALS FOR SINGLE

180℃

20分鐘

蘑菇奶油義大利麵

這是搭配烤過菇類的奶油義大利麵，再撒上滿滿的披薩用乳酪絲一起烤，有如焗烤般香濃美味，一人份暖暖食，完成。

材料

義大利麵 80g
鹽、油各1小匙
洋蔥1/4個
蘑菇2朵
舞菇一把
橄欖油少許
胡椒粉少許
披薩用乳酪絲1/2杯

奶油醬

- 牛奶1杯
- 奶油1大匙
- 鮮奶油1/2杯
- 帕馬森起司粉2大匙
- 鹽、胡椒粉各少許

作法

1. **準備義大利麵**　在滾水中放入鹽和義大利麵，煮7分鐘後，撈起瀝乾，拌入橄欖油。
2. **準備菇類、洋蔥**　將洗淨的舞菇根部切除、蘑菇切片、洋蔥去皮、切絲。
3. **烤菇類**　在預熱好180℃的氣炸鍋中鋪烘焙紙，放上處理好的蘑菇、舞菇，灑上橄欖油和胡椒粉，以溫度180℃烤5分鐘。
4. **製作奶油醬**　將所有奶油醬食材混合後，用小火慢煮到起小泡泡時即可熄火。
5. **加乳酪絲烤**　在耐熱容器內放入義大利麵、菇類、奶油醬，並撒上披薩用乳酪絲後，封上鋁箔紙，以溫度180℃烤15分鐘，即可享用。

TIP

★ 蘑菇烤太久會失去嚼勁和美味，稍微烤過就能享受剛剛好的彈牙感。另外，也可以使用杏鮑菇或其他菇類代替蘑菇。

180℃

20分鐘

蘿蔔泡菜火腿炒飯

這是用熟成醃蘿蔔來提味的簡單炒飯。醃蘿蔔也可以用泡菜來代替！趁熱加點起司也十分美味。

材料

醃蘿蔔20g
火腿100g
醃蘿蔔湯汁2大匙
白飯1碗
砂糖1/2大匙
食用油1/2大匙
蔥少許
蘇籽油少許

作法

1. **切食材**　將醃蘿蔔和火腿切成1cm的方塊，蔥洗淨、切圈。

2. **混合食材**　在白飯中加入醃蘿蔔、火腿、醃蘿蔔湯汁、砂糖、食用油、蔥。

3. **用氣炸鍋烤**　將步驟2.的成品放入摺成碗型的鋁箔紙中，再放入氣炸鍋以180℃烤10分鐘後，翻攪一下讓食材能熱得均勻，再烤10分鐘。

4. **蘇籽油提味**　炒飯完成後，灑上蘇籽油，盛入盤中。

TIP

★ 醃蘿蔔也能用泡菜代替，火腿可以用培根代替，而蘇籽油則可替換成苦茶油。
★ 鋁箔紙可以用烘焙紙或耐熱容器替代。

180℃

40分鐘

馬鈴薯焗燒

這道料理只要將馬鈴薯切薄片，搭配香氣又人的鮮奶油和帕馬森起司粉，就能做成香濃的焗烤。

材料

馬鈴薯（大型）1個
帕馬森起司粉1/2杯
香芹粉少許

鮮奶油醬

- 鮮奶油1杯
- 洋蔥1/2個
- 橄欖油1大匙
- 鹽1小匙

作法

1. **切馬鈴薯、洋蔥** 將馬鈴薯去皮、切薄片、泡冰水去除澱粉後取出、瀝乾。洋蔥去皮、切絲。
2. **製作鮮奶油醬** 在鮮奶油中加入切絲的洋蔥、橄欖油、鹽一起煮，當邊緣開始滾後就關火。
3. **裝入耐熱容器、放入氣炸鍋** 在耐熱容器中放入馬鈴薯和步驟2.的鮮奶油醬，再撒上帕馬森起司粉、香芹粉，放入氣炸鍋中以180℃烤40分鐘，完成。

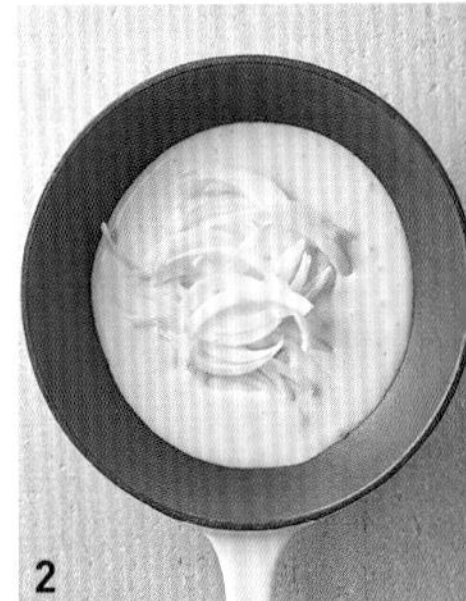

TIP

★ 若事先將馬鈴薯薄片燙過，口感會更綿密，也能縮短氣炸鍋料理時間。

180℃

20分鐘

夏威夷午餐肉壽司

這是以韓式午餐肉製作的特別料理，視覺滿點，製作方式也簡單。利用罐頭火腿，就能輕鬆做出美味的外型，以氣炸鍋烤過，風味層次更加明顯。

材料

韓式午餐肉100g
烤肉醬2大匙
白飯1碗
香鬆1大匙
芝麻油少許

美乃滋醬

- 美乃滋1大匙
- 砂糖1/2大匙

作法

1. **醃午餐肉**　將午餐肉切成1公分薄片，以烤肉醬醃過。
2. **白飯拌香鬆**　白飯加入香鬆和芝麻油攪拌均勻。
3. **製作醬料**　將美乃滋和砂糖混合拌勻。
4. **製作握飯糰**　把午餐肉罐頭當作模具，在裡面先鋪上保鮮膜、將拌好的白飯壓入，再加美乃滋醬，接著放上火腿，壓出形狀。
5. **用氣炸鍋烤**　拿出保鮮膜、取出握飯糰，用鋁箔紙包覆，放入氣炸鍋中以溫度180℃烤20分鐘，即完成。

1

2

4

TIP

★ 先在鋁鉑紙上抹油，打開時白飯才不會沾黏。
★ 想要增加口感和香氣的層次，可以再加入煎蛋，也會很美味。
★ 韓式午餐肉可在賣場冷凍櫃購得。

180℃

20分鐘

鮭魚排佐四季豆

想要營造獨特氣氛時，鮭魚排再適合不過。用氣炸鍋料理厚實的鮭魚，再搭配四季豆，就能完成這道特別的料理。

材料

四季豆5個
韓國菊苣1株*
鮭魚150g
鹽、胡椒粉各少許
橄欖油2大匙

作法

1. **準備蔬菜**　蔬菜洗淨。將四季豆去蒂頭，韓國菊苣對半切開。
2. **醃鮭魚**　將鮭魚抹鹽、胡椒粉醃過，再抹橄欖油。
3. **醃蔬菜**　將四季豆和韓國菊苣灑鹽、胡椒粉後，抹橄欖油。
4. **用氣炸鍋烤**　氣炸鍋鋪入烘焙紙，再放入鮭魚和蔬菜，以溫度180℃烤10分鐘後，翻面再烤10分鐘，即可盛盤享用。

1

2

4

TIP

★ 鮭魚有紋路，因此烤過後容易鬆散。若想要避免鮭魚肉散開，可以用烘焙紙完全包覆再烤。

＊編註：可用娃娃菜代替韓國菊苣。

180℃

15分鐘

烤蔬菜飯糰

這是加入各種蔬菜末的烤飯糰。用白飯製作也可以，不過加入蔬菜營養更均衡。

材料

洋蔥1/4顆
青椒1/4個
紅椒1/4個
白飯1碗
香鬆2大匙
芝麻油少許
麵包粉2大匙
食用油少許

作法

1. **先烤蔬菜末**　將食材洗淨。洋蔥去皮，青椒和紅椒去蒂及籽切碎，放入預熱溫度為180℃的氣炸鍋中烤5分鐘。
2. **白飯調味**　白飯加入香鬆和芝麻油攪拌，再加入剛烤好的蔬菜一起拌勻。
3. **做造型、沾麵包粉**　將調味過的白飯做成紮實的三角形，再均勻壓上麵包粉。
4. **用氣炸鍋烤**　氣炸鍋鋪上烘焙紙，放上飯糰、灑食用油，再以溫度180℃烤10分鐘，即可盛盤享用。

1

2

3

TIP

★ 白飯拌入炒泡菜或加美乃滋的鮪魚，也會十分美味。
★ 如果有三角飯糰容器，在調整飯糰形狀時會更方便。

泡菜起司炒飯

這道料理是最受韓國人喜愛的泡菜炒飯，將熟成泡菜和培根加入白飯，再撒上起司和奶油香氣讓人食指大動。

材料

泡菜100g
培根2片
白飯1碗
砂糖1小匙
切達起司1片
奶油1塊

作法

1. **切泡菜、培根**　將泡菜切碎，培根切成1公分的方塊狀。
2. **混合食材**　白飯中加入泡菜、培根、砂糖拌勻。
3. **用氣炸鍋烤**　氣炸鍋中先鋪入鋁箔紙再放入泡菜炒飯，再放上切達起司，以溫度180℃烤15分鐘。
4. **淋上奶油**　將完成的泡菜炒飯盛入碗中，趁熱加上奶油就完成了。

TIP

另一作法是先將培根烤成脆片，再拌入炒飯中也很美味。

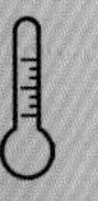

180℃

50分鐘

牛肉豆腐排

將醃過的美味牛肉加上豆腐、蔬菜一起烤至金黃，就完成了這道牛肉豆腐排。一個人吃視覺滿分，用來招待客人也毫不失禮。

材料

牛肉片100g
豆腐1/2塊
鹽1/2小匙
胡椒粉少許
舞菇10g
菠菜10g

牛肉醃醬

醬油2大匙
砂糖1大匙
芝麻油1大匙
味醂1大匙

作法

1. **醃製牛肉**　取一大碗，放入牛肉片，並依序倒入製作牛肉醃醬的材料——醬油、砂糖、芝麻油和味醂，拌勻後靜置。
2. **切豆腐撒鹽**　將豆腐切成3×5cm的大小，撒上鹽、胡椒粉。
3. **準備蔬菜**　材料洗淨。將舞菇撕成適合食用的大小，菠菜切去根部。
4. **先烤豆腐**　氣炸鍋中鋪上烘焙紙，放上豆腐，以溫度180℃烤15分鐘後，翻面再烤15分鐘。
5. **再烤肉**　在180℃的氣炸鍋中放入醃過的牛肉烤15分鐘後，翻面加入舞菇和菠菜，再烤5分鐘，取出後排入盤中即完成。

1

2

4

TIP

★ 蔬菜可以依照個人喜好更換，或是善用冰箱中的蔬菜。
★ 烤過的蔬菜淋上黑醋醬更美味。

200℃

15分鐘

迷你米披薩

如果希望來點特別的，就準備米披薩吧！白飯、番茄醬和披薩起司的組合，意外地非常搭配。可愛的外型，也十分受孩子喜愛。

材料

白飯1碗
橄欖油1大匙
番茄1個
去籽青椒1/2個
番茄醬6大匙
披薩用乳酪絲1/2杯

作法

1. **盛入白飯**　在馬芬模具中抹上橄欖油，再放入白飯。

2. **先烤白飯**　將白飯放入預熱已達200℃的氣炸鍋中烤10分鐘。
3. **切番茄、青椒**　食材洗淨。番茄切塊、青椒切絲。
4. **製作米披薩**　在烤過的白飯上塗番茄醬、撒披薩用乳酪絲後，放上番茄和青椒。

5. **用氣炸鍋烤**　放入氣炸鍋中，以溫度200℃烤5分鐘左右，讓起司融化，就完成了。

TIP

★ 如果沒有馬芬模具，也可以用紙杯或耐熱容器替代。
★ 也可以加培根或香菇來提升口感與視覺。

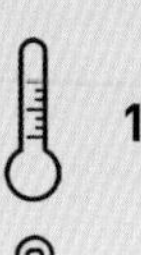

180℃

20分鐘

香辣起司炒烏龍

香辣的辣椒醬搭配濃郁的披薩起司，做出這道特別的炒烏龍料理。牽絲的起司和烏龍麵一起入口，風味一絕。

材料

魚板1片
高麗菜1片
洋蔥1/2個
烏龍麵1份
披薩用乳酪絲1杯
美乃滋1大匙
柴魚少許

辣椒醬

- 辣椒醬1大匙
- 蠔油醬1大匙
- 砂糖1大匙
- 糖漿2大匙
- 醬油1大匙
- 水1/2杯

作法

1. **切魚板、高麗菜、洋蔥**　將魚板切成1.5公分的長條；洋蔥去皮、切絲。
2. **煮辣椒醬**　將辣椒醬材料混合均勻，放入平底鍋中，以小火煮滾。
3. **燙烏龍麵**　將烏龍麵放入滾水中稍微燙過，再撈起瀝乾。
4. **裝入耐熱容器中烤**　在耐熱容器中放入烏龍麵、辣椒醬、高麗菜、魚板、洋蔥，再撒上披薩用乳酪絲，放入氣炸鍋中以溫度180℃烤20分鐘左右。
5. **撒美乃滋、柴魚**　烤好後撒上美乃滋和柴魚，完成。

1

4

TIP

★料理烏龍麵時，要蓋上蓋子，食材才不會乾掉。如果耐熱容器沒有蓋子，也可以用鋁箔紙包覆容器。

180℃

25分鐘

紅醬水餃

冷凍水餃也能做出獨特風味！鋪上義大利麵醬的水餃，加上起司一起烤，讓人垂涎三尺。

材料

冷凍韓式大水餃5個*
食用油少許
義大利麵醬1杯
披薩用乳酪絲1/2杯
帕馬森起司10g
義大利香芹少許

作法

1. **烤韓式大水餃**　將冷凍韓式水餃放到烘焙紙上，抹食用油後放入溫度180℃的氣炸鍋中烤10分鐘。

2. **盛入耐熱容器**　在耐熱容器中先鋪上義大利麵醬、放上水餃，再放上披薩用乳酪絲、帕馬森起司，並撒義大利香芹。

3. **用氣炸鍋烤**　放入氣炸鍋中以溫度180℃烤15分鐘。

1

2

TIP

★ 義大利麵醬也可以用番茄醬或奶油醬代替。

＊編註：韓式大水餃在台灣較不易取得，可用一般的冷凍水餃取代。

烤雞胸肉沙拉

想要享受簡餐時，雞胸肉再適合不過。將用迷迭香醃過的雞胸肉烤至金黃後，放上新鮮沙拉，就能簡單享用美味了。

材料

雞胸肉100g
牛奶1/2杯
塌棵菜1株
紫高麗菜1/4個
牛番茄2顆

醃料

清酒1大匙
蒜末1/2大匙
鹽、胡椒粉各少許
迷迭香1株

調味醬

橄欖油3大匙
醬油2大匙
食醋2大匙
洋蔥末2大匙
砂糖1大匙
蒜末1小匙
鹽、胡椒粉各少許

作法

1. **醃雞胸肉** 將雞胸肉切成適合入口的大小，泡牛奶10分鐘去腥後取出，再加入清酒、蒜末、迷迭香、鹽、胡椒粉醃製。
2. **準備沙拉蔬菜** 材料洗淨，塌棵菜去頭，紫高麗菜切成適當食用的大小，牛番茄切成4等份。
3. **用氣炸鍋烤** 氣炸鍋鋪烘焙紙、放上雞胸肉，以溫度180℃烤10分鐘，再翻面烤10分鐘。
4. **淋調味醬** 將沙拉蔬菜盛入盤中、放上雞胸肉，再淋上混合拌勻後的調味醬，完成。

1

2

TIP

★ 雞胸肉加牛奶醃，可以消除腥味。除了牛奶外，也可以用清酒或生薑汁代替，或是用鹽水以1：100比例去腥也是不錯的選擇。

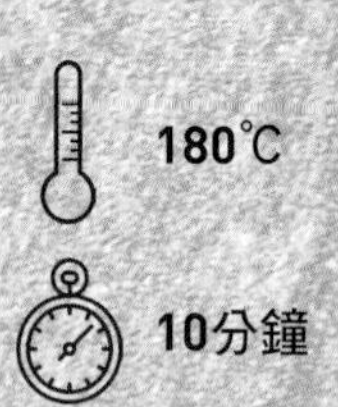

綜合菇類沙拉

將菇類和帕馬森起司混合後，拿到氣炸鍋烤，再撒上起司，
就能完成兼具香氣與口感的風味沙拉。

材料

杏鮑菇1支
舞菇50g
鴻喜菇50g
香菇50g
橄欖油少許
鹽、胡椒粉各少許
帕馬森起司20g
黑醋少許

作法

1. **處理菇類** 材料洗淨。將杏鮑菇、舞菇、鴻喜菇撕成接近的大小，香菇切成4等份。

1

2. **灑油、撒起司** 將處理好的菇加上少許橄欖油拌勻，撒上鹽、胡椒粉，再磨一些帕馬森起司撒在上面。

2

3. **用氣炸鍋烤** 氣炸鍋鋪烘焙紙、放上所有菇類，以溫度180℃烤7分鐘，再翻面烤3分鐘。

4. **盛入盤中** 將烘烤好的菇盛入盤中，撒上帕馬森起司和黑醋即完成。

TIP

★建議使用當季菇類，或其他喜歡的菇類代替也都可以。

TIME
VOTO

Part

04

配一杯酒也超滿足的下酒菜

SIDE DISHES WITH DRINKING

180℃

10分鐘

盛開的洋蔥

外面餐廳專屬的洋蔥料理，也能在家享用！沾抹炸衣的過程可能有些繁複，但能享受一邊慢慢撥開洋蔥，一口洋蔥一口啤酒的樂趣。

材料

洋蔥（大型）1個
食用油少許

炸衣

炸粉1杯
帕馬森起司粉2大匙
香芹粉少許
鹽、胡椒粉各少許
雞蛋2顆
牛奶1/4杯
麵包粉1杯

沾醬

美乃滋2大匙
寡糖1/2大匙
食醋1/2大匙
蒜末1小匙
帕馬森起司粉1大匙
胡椒粉少許

作法

1. **將洋蔥16等分**　將洋蔥從上而下切開，保留底部1.5公分，切成16等分。
2. **浸泡冰水，讓洋蔥散開成花瓣狀**　將洋蔥泡冰水30分鐘，洋蔥散開後，取出，以紙巾拭乾。
3. **處理撒粉食材、撒於洋蔥**　將炸粉、帕馬森起司粉、香芹粉、鹽、胡椒粉拌勻、過篩，均勻撒入洋蔥中。
4. **沾炸衣**　雞蛋打散後加入牛奶拌勻，將洋蔥沾滿蛋液，再均勻沾上麵包粉。
5. **用氣炸鍋烤**　將洋蔥放到烘焙紙上，灑食用油，以溫度180℃烤10分鐘，就可以沾調勻的醬料享用了。

TIP

★ 洋蔥切頭留底，較易做出形狀。
★ 如果想要做紮實的洋蔥，可以反覆沾炸衣2~3次。
★ 因用高溫烤較容易燒焦，務必再三確認時間。

芥末奶油炸牡蠣

沾麵包粉炸得酥脆的牡蠣，搭配芥末醬十分美味。牡蠣帶著大海的香氣，是充滿營養價值的食材。

材料

牡蠣1袋（300g）
食用油少許
鹽、胡椒粉各少許

炸衣

- 麵包粉2杯
- 帕馬森起司粉5大匙
- 麵粉1/2杯
- 雞蛋2顆

芥末醬

- 芥末1大匙
- 美乃滋2大匙
- 洋蔥末1/4個
- 砂糖1/2大匙

作法

1. **處理牡蠣**　牡蠣以鹽水洗淨、瀝乾，加鹽、胡椒粉調味。
2. **準備炸粉**　麵包粉加帕馬森起司粉拌勻，放入碗中。
3. **沾炸衣**　牡蠣沾麵粉，再沾雞蛋液後，放入步驟2.的成品均勻沾裹。
4. **用氣炸鍋烤**　將牡蠣放到烘焙紙上，避免重疊。灑食用油，以溫度180℃烤 8分鐘後，翻面再烤4分鐘。
5. **製作芥末醬**　將芥末、美乃滋、洋蔥末和砂糖混合拌勻即完成，將炸好的牡蠣盛盤後，沾醬好好享用吧！

1

2

4

TIP

★ 炸粉可以加香芹粉提味，另外也可以加辣椒粉，做成辣味炸牡蠣。

180℃→
150℃

30分鐘

烤霜降肉佐青蔥

香氣十足的霜降肉搭配味噌醬料，和大蔥一起烤得金黃。帶鹹味的肉和大蔥的甜味相輔相成，是下酒菜的絕佳首選。

材料

霜降豬肉400g
大蔥1根
白芝麻粒少許

味噌醬

味噌3大匙
味醂2大匙
醬油1大匙
胡椒粉少許

作法

1. **以味噌醬醃製**　用紙巾包覆霜降豬肉，吸除血水。另將味噌、味醂、醬油和胡椒粉混合拌勻製成味噌醬，再以味噌醬醃製豬肉約15分鐘。

2. **切大蔥**　將大蔥切成和豬肉一樣的長度。

3. **烤豬肉**　將肉放到烘焙紙上，放入氣炸鍋中，以溫度180℃烤15分鐘。翻面、放大蔥後，以150℃再烤15分鐘。

1

2

3

TIP

★ 大蔥也可以用洋蔥代替，另外，要烤大蔥的時間需按大蔥熟成狀態隨時調整。

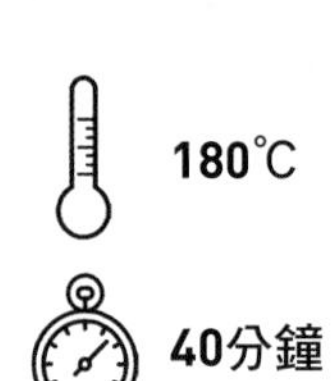

烤豬頸肉佐老泡菜

烤的外酥內嫩的豬頸肉搭配老泡菜，和韓式小米酒——瑪格麗酒也十分搭配。

材料

豬頸肉400g
鹽、胡椒粉各少許
老泡菜400g
生芥末1大匙

作法

1. **豬肉調味** 用紙巾包覆豬頸肉，吸除血水，再加鹽、胡椒粉調味。

2. **切老泡菜** 將老泡菜稍微沖洗、瀝乾後，切成5公分長度。

3. **用氣炸鍋烤** 將氣炸鍋鋪入烘焙紙，預熱到180℃再放入豬頸肉，烤20分鐘後，翻面再烤20分鐘。

4. **盛入盤中** 將烤好的豬頸肉切開，盛入盤中，搭配老泡菜和生芥末一起食用。

1

2

TIP

★生芥末和蒜頭皆可以冷凍保存，並不會影響食材風味。
★烤較厚的肉時，建議要先將氣炸鍋預熱，並且在肉上畫刀，才會更均勻熟透。

180℃

30分鐘

煙燻雞腿

這是利用醃燻片製作的醃燻雞腿，魅力不同於一般的炸雞。只要有醃燻片，就能簡單製作享用，是非常適合配酒或消夜的點心。

材料

雞腿肉4根
紅砂糖2大匙
鹽2小匙
煙燻木片30g
香草鹽少許
裝飾迷迭香1株

作法

1. **醃製雞腿**　雞肉瀝乾、畫刀後，加紅砂糖和鹽醃製，放置冰箱1小時左右。

1

2. **煙燻木片泡水**　煙燻木片泡水30分鐘再撈出。

2

3. **烤雞腿**　氣炸鍋鋪鋁箔紙，放入醃燻木片和雞腿，以180℃正反面各烤15分鐘。

3

4. **盛入盤中**　將烤好的雞腿盛入盤中，均勻撒上香草鹽，放入迷迭香即完成。

TIP

★ 煙燻木片建議要先泡水再使用，水蒸氣蒸發時，香氣才會更均勻。
★ 雞肉加砂糖、鹽醃製後，若再以保鮮膜包覆，放置冰箱1～2小時再料理，會更美味。

200℃

20分鐘

蒜粒烤雞翅＆雞腿

將雞翅和雞腿用蜂蜜、香草鹽醃製，再加蒜頭一起烤。
蒜頭的香氣和香甜的雞肉十分相搭，讓人一口接一口。

材料

二節雞翅4支
小雞腿4支
蒜頭10瓣

醃料

- 蜂蜜2大匙
- 味醂1大匙
- 橄欖油1大匙
- 香草鹽1大匙

作法

1. **處理、醃製雞肉**　將二節雞翅和小雞腿洗淨後劃刀，倒入醃料中的蜂蜜、味醂、橄欖油和香草鹽抹勻醃製。
2. **放入冰箱**　將醃好的雞翅、雞腿以保鮮膜包覆，放入冰箱中靜置30分鐘會更入味。
3. **用氣炸鍋烤**　在烘焙紙上放雞翅、雞腿、蒜頭，再移入氣炸鍋中以溫度200℃烤10分鐘後，翻面再烤10分鐘取出，即完成。

1

3

TIP

★建議雞肉上要劃幾刀，味道才會均勻，且更容易熟透。

180℃

10分鐘

炸魷魚

沾上麵包粉炸得酥脆的魷魚，只要用少量的油，就能做出爽口又酥脆的滋味。搭配芥末美乃滋醬可以消除炸物的油膩感。

材料

魷魚1隻
食用油少許

炸衣

- 雞蛋2個
- 炸粉2大匙
- 麵包粉1/2杯
- 香芹粉少許
- 鹽、胡椒粉各少許

芥末美乃滋醬

- 生芥末1小匙
- 美乃滋2大匙
- 醬油1大匙
- 砂糖1小匙
- 蒜末1/2大匙

作法

1. **處理魷魚**　魷魚洗淨、處理後，切成寬度2公分的大小。
2. **準備炸衣**　先將雞蛋打散，並將炸粉放入大碗中備用，另外，麵包粉、香芹粉和鹽、胡椒粉混合拌勻。
3. **沾炸衣**　魷魚先沾炸粉，再沾雞蛋液，再沾混合後的麵包粉、香芹粉、鹽和胡椒粉，並壓實。
4. **用氣炸鍋烤**　將烘焙紙放入氣炸鍋並將魷魚放上，灑食用油後，以溫度180℃烤8分鐘後，翻面再烤2分鐘，取出即可沾芥末美乃滋享用。

1

3

TIP

★ 如果要給孩子當點心，可以將芥末美乃滋醬換成塔塔醬。

烤魷魚

這道料理只要劃開魷魚，就能簡單完成。單吃魷魚就很美味了，加上青陽辣椒醬，更能深度享受新鮮食材和醬料帶來的好滋味。

材料

魷魚1隻
食用油少許

青陽辣椒醬

- 青陽辣椒1根
- 辣椒醬2大匙
- 美乃滋2大匙
- 砂糖1小匙

作法

1. **處理魷魚**　魷魚去皮、去內臟後，兩側邊以1公分的距離畫刀。

1

2. **用氣炸鍋烤**　將魷魚放到烘焙紙上，抹食用油，再移入氣炸鍋，以溫度200℃烤10分鐘後，翻面再烤10分鐘。

2

3. **製作沾醬**　將青陽辣椒、辣椒醬、美乃滋和砂糖混合拌勻，製成青陽辣椒醬。

4. **盛入盤中**　盤中放入烤魷魚，搭配青陽辣椒醬享用。

TIP

★ 魷魚也可以抹辣椒醬烤，做成辣味烤魷魚。
★ 魷魚腳的部份可以做炸魷魚。
★ 如果青陽辣椒不容易買到，可以用芥末代替。

烤香腸糯米椒串

將調味過的糯米椒與德國香腸用竹籤串成一串，再以氣炸鍋烤過，口感很有嚼勁，配任何酒都適合。

材料

糯米椒10條
德國香腸5條
鹽、胡椒粉各少許
橄欖油少許
竹籤5支

作法

1. **清洗糯米椒** 糯米椒去蒂頭、洗淨後瀝乾，加鹽、胡椒粉調味。
2. **劃開德國香腸** 德國香腸對半橫剖切開，前後劃刀。
3. **叉竹籤** 將德國香腸和糯米椒交錯叉上竹籤，再抹上橄欖油。
4. **用氣炸鍋烤** 氣炸鍋鋪上烘焙紙，再放上食材，以溫度200℃烤10分鐘。

2

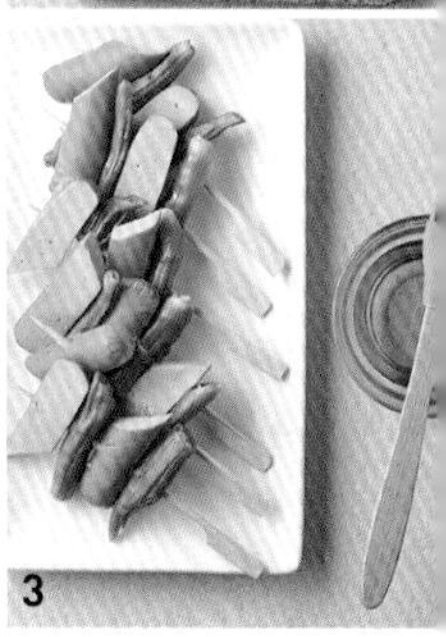
3

TIP

★ 竹籤需先泡水再使用，就不會燒焦。
★ 糯米椒建議要以鹽、胡椒粉調味，才會更夠味。

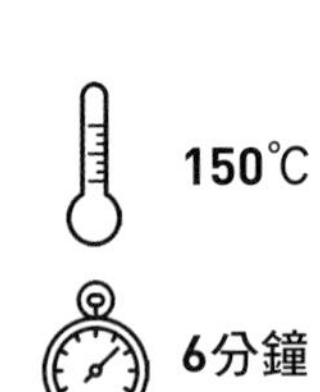

炸煙燻起司

用水餃皮包覆莫扎瑞拉起司，再烤得酥脆，就完成這道料理了！搭配濃郁起司和香甜蜂蜜，彷彿有古岡左拉起司的香濃滋味，非常有趣。

材料

水餃皮12片
莫扎瑞拉起司250g
水1大匙
食用油少許
蜂蜜3大匙

作法

1. **切莫扎瑞拉起司**　將莫扎瑞拉起司切成2×5公分的長條。

2. **以水餃皮捲**　將莫扎瑞拉起司放到水餃皮上，從三邊捲起，尾端沾水包覆。

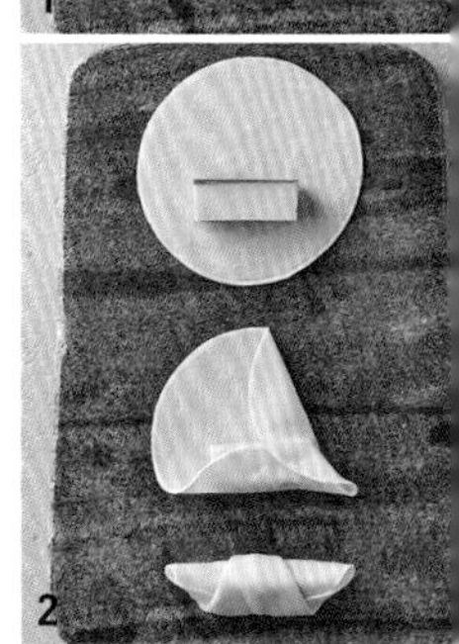

3. **放入氣炸鍋**　將步驟2.的成品放到烘焙紙上，抹食用油，移入氣炸鍋中，以溫度150℃烤3分鐘後，翻面再烤3分鐘。

4. **盛入盤中**　將烤好的起司盛入盤中，沾蜂蜜吃非常美味。

TIP

★ 可以嘗試用其他種類的起司放入水餃皮，卡芒貝爾起司也很推薦。

玉米起司焗燒

這是以通心粉、培根、玉米、白醬製作的焗燒。建議趁熱享用，能享受到有層次的口感

材料

通心粉1杯
培根100g
玉米罐頭1罐（300g）
鹽、胡椒粉各少許

白油醬

奶油2大匙
麵粉1大匙
牛奶1杯
切達起司3片

作法

1. **煮通心粉**　滾水中加入少許鹽，放入通心粉燙7分鐘後，撈起瀝乾水分。
2. **準備培根、玉米罐頭**　培根切成0.5公分的小塊，玉米罐頭瀝乾。
3. **先烤培根**　氣炸鍋鋪烘焙紙，放上培根，以溫度180℃烤15分鐘。
4. **製作白醬**　用平底鍋將奶油融化後，加入麵粉以小火拌炒，再加牛奶拌勻，最後加入切達起司，使其融化。
5. **放入氣炸鍋**　在耐熱容器中放入奶油醬、通心粉、玉米、培根，加胡椒粉調味，再以180℃烤15分鐘即可取出。

1

2

5

TIP

★ 要預防步驟4.做成的白醬產生結塊的情形，製作前可以先用濾網將麵粉過篩，做出來的口感會比較平順。

180℃

20分鐘

帕瑪森起司薯條

切細的馬鈴薯炸得酥脆，搭配帕馬森起司粉，香氣十足。放涼後的馬鈴薯條，搭配啤酒也是一絕。

材料

馬鈴薯（大型）2個
鹽、胡椒粉各少許
香芹粉少許
橄欖油2大匙
帕馬森起司粉2大匙

作法

1. **馬鈴薯切絲**　馬鈴薯去皮、切絲後，泡水以去除多餘的澱粉（表面黏液）、瀝乾。

1

2. **醃馬鈴薯**　馬鈴薯加鹽、胡椒粉、香芹粉、橄欖油拌勻。

3. **放入氣炸鍋**　將馬鈴薯放到烘焙紙上，移入氣炸鍋中，以溫度180℃烤15分鐘後，翻面再烤5分鐘。

3

4. **撒起司粉**　將烤好的馬鈴薯盛盤，撒上帕馬森起司粉即完成。

TIP

★ 使用去皮、處理好的馬鈴薯塊也無妨，但需斟酌調整時間。
★ 帕馬森起司粉也可以用帶辣味的酸奶醬代替，一樣美味。

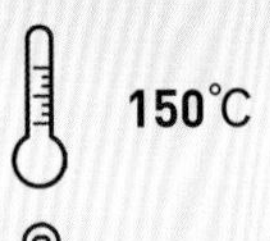
150℃

10分鐘

烤明太魚乾

將明太魚乾泡水處理後，再沾炸衣烤，就能完成這道料理。
搭配辣美乃滋醬，可以緩和明太魚乾的鹹味，帶出香氣。

材料

明太魚乾300g
食用油少許

炸衣

- 炸粉2大匙
- 胡椒粉1大匙
- 雞蛋2個
- 麵包粉1/2杯

辣美乃滋醬

- 碎青陽辣椒1大匙
- 美乃滋2大匙
- 醬油1大匙
- 碎蒜頭1/2大匙
- 砂糖1小匙

作法

1. **明太魚乾泡水** 將明太魚乾放入水中浸泡，撈出後、再以紙巾拭乾水分。
2. **明太魚乾沾粉** 將炸粉和胡椒粉放入密封袋中拌勻，再放入明太魚乾搖一搖，讓粉均勻沾裹。
3. **沾雞蛋液、麵包粉** 雞蛋打散後，將明太魚乾均勻沾上雞蛋液，再沾麵包粉。
4. **放入氣炸鍋** 將明太魚乾放到烘焙紙上再移入氣炸鍋中，灑上食用油，以150℃烤7分鐘後，翻面再烤3分鐘，取出後，即可沾調勻的辣美乃滋醬享用。

1

2

3

TIP

★ 如果覺得沾炸衣太過繁複，也可以直接烤明太魚乾。將拭乾的明太魚乾沾食用油後，以150℃正反面各烤5分鐘即可。因為溫度過高會變硬，設定時務必多留意。

★ 如果買不到青陽辣椒，可以用芥末代替。

180℃

15分鐘

辣椒煎餃

用氣炸鍋把冷凍水餃烤得酥脆，再搭配辣椒醬，就能簡單完成的料理。需要快速又簡單的下酒菜時，就是這一道了！

材料

冷凍水餃20顆
食用油2大匙
辣椒醬5大匙
九層塔段適量

作法

1. **水餃加食用油**　在冷凍水餃上均勻灑上食用油，放上烘焙紙，移入氣炸鍋中。

2. **放入氣炸鍋**　以溫度180℃炸15分鐘，烘烤中途要翻動1～2次以確認熟的狀況*。

3. **拌辣椒醬**　在炸水餃上加辣椒醬拌勻，即可盛盤撒上九層塔段即完成。

1

2

3

TIP

★ 如果想要變換味道，可以加是拉差辣椒醬（Sriracha Hot Chili Sauce）。既甜又辣的滋味很有魅力。

*編註：翻動次數會按氣炸鍋機種有差異，請自行考量調整。

180℃

30分鐘

德墨薯餅

這是搭配墨西哥莎莎醬的馬鈴薯料理。將馬鈴薯切成方塊，加上蔬菜一起烤，再沾上清爽的優格醬享用。

材料

馬鈴薯（大型）1顆
去籽紅椒1/2個
去皮洋蔥1/2個
青陽辣椒1根
橄欖油1大匙
墨西哥莎莎醬1大匙
鹽、胡椒粉各少許
百香里1株
檸檬1/4個

優格醬

原味優格2大匙
檸檬汁1大匙
蜂蜜1大匙
碎洋蔥1小匙
碎蒜頭1小匙

作法

1. **切馬鈴薯、泡水**　將馬鈴薯去皮、切成2公分大小的方塊，再泡冰水20分鐘以去除多餘的澱粉（表面黏液）、瀝乾。

1

2. **切紅椒、洋蔥、青陽辣椒**　食材洗淨。將紅椒和洋蔥切成長寬2公分的大小；青陽辣椒也切成差不多的大小。
3. **先烤馬鈴薯**　馬鈴薯淋上橄欖油後，放到烘焙紙上，移入氣炸鍋中，以180℃烤15分鐘。
4. **沾醬料烤**　在步驟3.的成品中加入準備好的蔬菜、墨西哥莎莎醬、鹽、胡椒粉後，以溫度180℃烤10分鐘，翻面再烤5分鐘。

4

5. **盛入盤中**　將完成的薯塊盛盤，放上百里香，搭配調勻的優格醬、檸檬一起享用。

TIP

★ 優格醬作法請參考第15頁。
★ 如果沒有墨西哥莎莎醬，也可以加香草鹽。
★ 若將馬鈴薯、洋蔥、紅椒一起烤，洋蔥和紅椒會比較快燒焦，因此要先烤馬鈴薯。

180℃

20分鐘

印地安薯角

馬鈴薯搭配紐奧良醬，香氣跟風味都是一絕。使用市售紐奧良醬也可以，不過親自製作，更能享受健康好吃的滋味。

材料

馬鈴薯（大型）2個

紐奧良醬

- 辣椒粉2大匙
- 蒜頭粉1大匙
- 洋蔥粉1大匙
- 鼠尾草粉1大匙
- 百里香粉1小匙
- 卡宴辣椒粉1大匙
- 烤鹽1大匙
- 胡椒粉少許

作法

1. **處理馬鈴薯**　馬鈴薯洗淨、去皮，切成半月形，再泡水5分鐘以去除多餘的澱粉（表面黏液），撈起後濾乾，放入烘焙紙上，再移入已預熱到180℃的氣炸鍋中。
2. **先烤馬鈴薯**　烤馬鈴薯10分鐘。
3. **加紐奧良醬烤**　先將紐奧良醬的材料混合拌勻備用，將烤好的馬鈴薯撒上紐奧良醬，再以溫度180℃烤7分鐘左右，翻面再烤3分鐘。

1

3

TIP

★ 建議要趁馬鈴薯溫熱時撒紐奧良醬。

★ 剩下的紐奧良醬可以用密閉容器盛裝保存。

TIME
VOTO

Part

05

一起吃吃喝喝超幸福的家庭派對

FOODS FOR HOUSE PARTY

180℃

40分鐘

鹽烤豬頸肉

將豬頸肉以鹽、砂糖醃製過後，搭配蔬菜一起烤。雖然醃肉的時間長，但入口的美味會讓你深刻感受到等待是值得的。

材料

豬頸肉400g
馬鈴薯（小型）5個
洋蔥1/2顆
蘋果1顆
蒜頭4瓣
迷迭香1株
百里香1株
橄欖油1大匙

醃料

- 鹽1大匙
- 砂糖1大匙

作法

1. **醃豬肉** 豬頸肉撒上醃料中的鹽、砂糖進行醃製，再以保鮮膜包覆，放置冰箱2～3天。
2. **準備蔬菜** 將馬鈴薯和洋蔥切成4～6等分，蘋果切成6等分、去籽。
3. **拭乾豬肉水分** 從冰箱中取出醃好的豬頸肉，以紙巾拭乾水分。
4. **放入氣炸鍋** 在預熱溫度達180℃的氣炸鍋中鋪烘焙紙，放入蔬菜、蒜頭、迷迭香、百里香和豬肉後，均勻灑上橄欖油，烤20分鐘，翻面再烤20分鐘，即完成。

TIP

★ 蒜頭全熟後可以輕鬆壓碎，搗碎後非常適合配肉。
★ 如果擔心肉太硬，可以先劃數刀再烤。

鳳梨烤五花肉

用氣炸鍋烤厚實的五花肉，能逼出油和肉汁，再搭配烤過的鳳梨更對味，做為派對料理可以讓客人也吃得盡興沒負擔。

材料

帶皮五花肉500g
鹽、胡椒粉各少許
迷迭香3株
鳳梨300g

作法

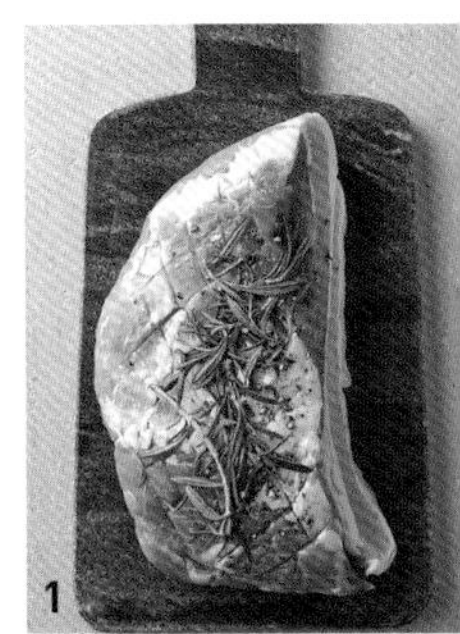

1. **醃五花肉** 將帶皮五花肉以2公分的寬度劃數刀，再以迷迭香、鹽、胡椒粉醃製30分鐘。
2. **切鳳梨** 鳳梨去皮、切成適合入口的大小。
3. **放入氣炸鍋** 將帶皮五花肉放入預熱溫度達180℃的氣炸鍋中烤25分鐘後，翻面再烤25分鐘。
4. **烤鳳梨** 肉全熟後，放上切好的鳳梨再一起烤10分鐘。

TIP

★ 豬皮烤太久會變硬，要多留意食材的熟成變化。
★ 若以小容量的氣炸鍋烤厚片豬肉，較容易不熟，因此烤的時候要隨時確認調整料理時間。

200℃

30分鐘

蔥燒豬肋排

這是以中華風提味的肋排，加入食醋，能帶出獨特的微酸風味。這道料理尤其適合家庭派對。

材料

豬肋排500g
蔥1根
蓮藕1/4個（100g）

醃料

醬油2大匙
食醋2小匙
蜂蜜2小匙
味醂2大匙
芝麻油2小匙
芝麻粒少許

作法

1. **泡冰水去血水**　將豬肋排泡水30分鐘，完全去血水後以紙巾拭乾水分。
2. **切蔥、蓮藕**　蔥切成10公分長段，蓮藕切片。
3. **豬肉拌醬料**　豬肋排加入醃料中的醬油、食醋、蜂蜜、味醂、芝麻油和少許芝麻粒，接著跟蔥、蓮藕拌勻。
4. **用氣炸鍋烤**　在預熱溫度達200℃的氣炸鍋鋪烘焙紙，放入醃好的豬肉烤15分鐘後，翻面再烤15分鐘就完成了。

1

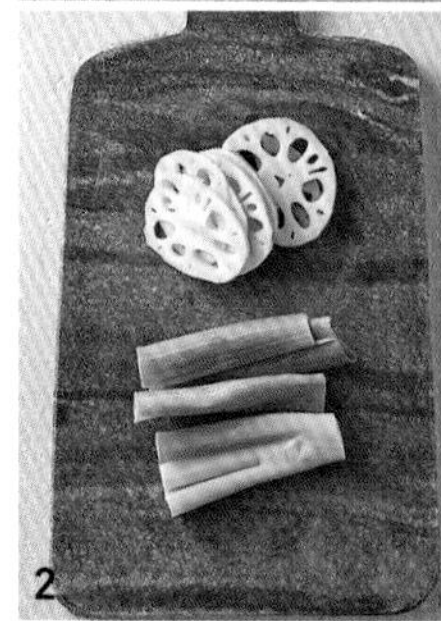

2

3

TIP

★ 如果將氣炸鍋塞滿會不易熟透，建議儘量平鋪擺放。

香草雞肉卷

這道料理將雞腿肉加蒜頭、香菇、迷迭香，一起捲起來烤，帶來視覺與味覺的雙重饗宴，香氣十足，在家庭派對中特別受歡迎。

材料

雞腿肉2隻（200g）
鹽、胡椒粉各少許
去皮洋蔥1顆
鴻喜菇 50g
蒜頭2瓣
迷迭香2株
牙籤4支
食用油少許

作法

1. **醃雞腿肉**　雞腿肉劃數刀攤平後，加鹽、胡椒粉醃製，再放入冰箱靜置15分鐘。

2. **準備蔬菜**　洋蔥切成厚度1公分的圓片；鴻喜菇洗淨、去蒂頭；蒜頭切片。

3. **用雞肉捲蔬菜**　在攤開的雞肉上放蒜頭、鴻喜菇、迷迭香後捲起，每一捲都以2根牙籤固定。

4. **烤雞腿肉**　在耐熱容器中放入洋蔥、雞肉後，灑食用油，放入氣炸鍋中，以180℃烤20分鐘後，翻面再烤20分鐘。

5. **盛入盤中**　保持原本模樣，以3～4cm的間距切開後，拿掉牙籤盛入盤中。

1

2

3

TIP

★ 如果不容易用牙籤固定，可以用鋁箔紙包覆。

180℃→
180℃

25分鐘

煙燻鴨烤蔬菜

用平底鍋煎鴨肉，會噴出許多油，但若用氣炸鍋，油就不會四處亂噴。烤得金黃的鴨肉搭配蔬菜和醬油，既清爽又沒有負擔，不妨嘗試看看。

材料

球芽甘藍5顆
紅蔥頭5個
杏鮑菇1支
蘆筍3根
橄欖油少許
醃燻烤鴨500g

醬料

醬油1大匙
食醋2大匙
砂糖3大匙
芥末1小匙

作法

1. **準備蔬菜**　將球芽甘藍和紅蔥頭洗淨、對半切開，杏鮑菇切成一口食用的大小。蘆筍洗淨切成5公分的長度。

2. **烤蔬菜**　將備好的蔬菜抹上橄欖油，放入氣炸鍋以溫度180℃烤5分鐘。

3. **烤煙燻鴨**　倒出烤蔬菜後，在氣炸鍋底部鋪上烘焙紙後，放上醃燻烤鴨以溫度180℃正、反面各烤10分鐘。

4. **製作醬料**　將醬油、食醋、砂糖和芥末混合拌勻。

5. **盛入盤中**　盤中放入醃燻烤鴨和蔬菜，食用時淋上醬料。

1

2

3

TIP

★ 如果希望清淡一點，可以用烤網代替烘焙紙，就能過濾烘烤過程中的油脂。

180℃

15分鐘

香草奶油烤蝦

這道料理以香氣十足的奶油搭配烤得金黃的蝦子，
只要準備香草奶油，就能快速完成這道派對料理。

材料

蝦子5隻
味醂2大匙
鹽、胡椒粉各少許

香草奶油醬

- 無鹽奶油150g
- 百里香1株
- 迷迭香1株
- 義大利香芹少許
- 蒜末1大匙
- 碎檸檬皮少許

作法

1. **處理蝦子**　在蝦背劃刀、去除腸泥後，以紙巾拭乾水分。
2. **醃製蝦子**　將處理好的蝦子以味醂、鹽、胡椒粉醃製20分鐘。
3. **放上香草奶油**　將香草奶油的食材拌勻，在蝦子上加3大匙。剩下的奶油醬可以用烘焙紙包覆，放回冰箱冷藏。
4. **放入氣炸鍋**　在烘焙紙上放抹香草奶油的蝦子，以180℃烤10分鐘後，翻面再烤5分鐘。

1

4

TIP

製作香草奶油醬

1 將無鹽奶油放置於常溫中，使其軟化。
2 將百里香、迷迭香、義大利香芹、蒜頭切碎，加入碎檸檬皮一起放入奶油中攪拌。
3 以烘焙紙將奶油包覆起來，放入冰箱中一小時，使其凝固。

180℃

30分鐘

地中海風海鮮料理

這道料理將鱈魚、蝦、蛤蜊以紙包料理的形式烤過，只要將備好的食材放上烘焙紙烤就完成了。是最適合在聚會派對端上桌的美味料理。

材料

鱈魚2塊
蝦子（中型）4隻
蛤蜊1袋（150g）
西洋芹1/2段
迷你紫洋蔥1/2個
檸檬1/2顆
紅蘿蔔1/4個
花椰菜1/4個
青醬4小匙
胡椒粉少許
檸檬汁1大匙
橄欖油少許

作法

1. **處理海鮮**　以紙巾拭乾鱈魚，在蝦子背部劃刀以去除腸泥。

2. **蛤蜊去沙**　蛤蜊泡鹽水，一起放入*黑色塑膠袋中冷藏20分鐘。吐沙後將蛤蜊瀝乾。

3. **準備蔬菜**　食材洗淨。西洋芹斜切，迷你紫洋蔥切成1公分寬，檸檬切片，紅蘿蔔、花椰菜也切成相近的大小。

4. **以烘焙紙包覆海鮮**　在烘焙紙上放鱈魚、青醬、胡椒粉、檸檬汁後，最後放入蝦子和蛤蜊。

5. **包覆烘烤**　將烘焙紙摺起，兩側包捲起來後，在上面抹橄欖油，放入氣炸鍋中以溫度180℃烤30分鐘。

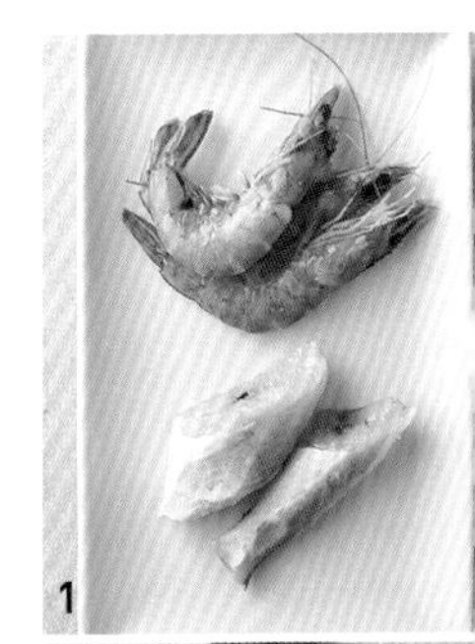
1

3

5

TIP

★ 在烘焙紙上抹油的目的是維持水分，讓魚肉更柔軟。

＊編註：陰暗且冰涼的環境較容易使貝類吐沙。

200℃

15分鐘

西班牙香蒜辣蝦

這道西班牙香蒜辣蝦由蝦子、蒜頭、橄欖油組合而成，製作過程很簡單。搭配烤得酥脆的麵包，或做成油炒義大利麵都很不錯。

材料

蝦仁20隻
白酒2大匙
鹽、胡椒粉各少許
蒜頭5瓣
芹菜1根
橄欖油1/2杯

作法

1. **準備蝦仁**　將蝦仁洗淨、去腸泥，加白酒、鹽、胡椒粉醃製。
2. **準備蔬菜**　蒜頭切薄片，芹菜洗淨、切斜段。
3. **放入容器**　在耐熱容器中放入蝦仁、蒜頭和芹菜，以鹽、胡椒粉調味，再加橄欖油。
4. **放入氣炸鍋**　將耐熱容器放入氣炸鍋中，以200℃烤10分鐘後，將食材攪拌均勻再烤5分鐘，即完成。

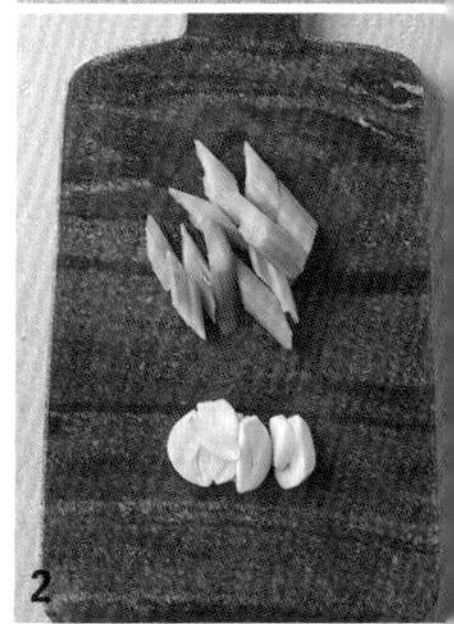

TIP

★ 如果想要增加帶點辣的風味，可以加辣椒乾。

180℃

30分鐘

魷魚米腸

韓國江原道知名的道地小吃魷魚米腸，在家也能輕鬆製作。將泡菜和豆腐搗碎放入魷魚中，再拿去烤就可以了，這道料理美味又營養。

材料

魷魚身2隻
牙籤2根

內餡

- 豬絞肉100g
- 泡菜50g
- 豆腐1/2塊
- 去皮紅蘿蔔1/4個
- 去皮洋蔥1/4個
- 青陽辣椒1根
- 麵粉2大匙
- 雞蛋1顆
- 鹽、胡椒粉各少許

作法

1. **處理魷魚**　將魷魚內部挖空、洗淨後瀝乾。
2. **準備泡菜、豆腐、蔬菜**　泡菜切碎，豆腐、紅蘿蔔、洋蔥、青陽辣椒也切碎。
3. **混合內部食材**　將步驟2.的材料加入豬絞肉、麵粉、雞蛋、鹽、胡椒粉拌勻。
4. **將食材放入魷魚中**　將食材放入魷魚中，再以牙籤固定。
5. **用氣炸鍋烤**　以烘焙紙包覆魷魚米腸，放入溫度180℃的氣炸鍋中正反面各烤15分鐘即完成。

1

2

4

TIP

★ 完成後，建議放涼後再切開才能保持完整不碎散。

民族風烤肉餅

這道特色料理以肉餅、芹菜和番茄一起烤。芹菜特有的香氣和肉丸絕配，也使得料理帶有異國風味。

材料

番茄1顆
芹菜1/2段
橄欖油1大匙
魚醬2大匙

肉餅

- 豬絞肉150g
- 牛絞肉150g
- 鹽1小匙
- 胡椒粉少許
- 豆腐70g
- 麵粉2大匙

作法

1. **準備番茄、芹菜**　食材洗淨。番茄切成半月形，芹菜切段。
2. **混合攪拌肉**　豬絞肉、牛絞肉加鹽、胡椒粉，再加入豆腐、麵粉攪拌。
3. **做成肉餅**　將食材揉成圓形肉丸後壓扁。
4. **用氣炸鍋烤**　在氣炸鍋中放入番茄、芹菜和丸子，均勻灑上橄欖油，以溫度180℃烤20分鐘後，翻面再烤20分鐘。
5. **盛入盤中**　將烤好的肉餅盛入盤中，沾魚醬食用。

1

2

3

TIP

★ 用烘焙紙包覆肉丸去烤，既不易破壞模樣，也能均勻熟透。
★ 可以用辣椒油代替魚醬。
★ **辣椒油作法**
準備蒜末、生薑末、青陽辣椒末各1大匙，以及食用油4大匙、鹽1小匙，全部放入鍋中煮5分鐘後即可使用。

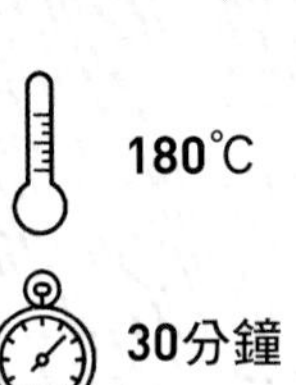

義大利烤馬鈴薯

清爽的酪梨油，搭配香草和蒜頭的義大利烤馬鈴薯，沾上酸奶油，能充分享受爽口的滋味。

材料

馬鈴薯5個
酪梨油1大匙
蒜末1小匙
義大利香芹少許
鹽、胡椒粉各少許
酸奶油3大匙

作法

1. **處理馬鈴薯** 馬鈴薯去皮、洗淨，切成適合一口食用的大小。
2. **加油攪拌** 將馬鈴薯、酪梨油、蒜末、義大利香芹、鹽、胡椒粉混合攪拌。
3. **用氣炸鍋烤** 氣炸鍋底部鋪烘焙紙，放入馬鈴薯以溫度180℃烤30分鐘，即完成。

1

2

3

TIP

★ 酸奶油也可以用優格代替。

200℃

15分鐘

青醬烤茄子

青醬搭配茄子帶來意想不到的新滋味。淋上青醬的茄子，烤起來甜味加倍。

材料

茄子1顆
帕馬森起司粉2大匙
芝麻葉10g
烤松子少許

青醬

- 羅勒葉1把
- 蒜頭3瓣
- 帕馬森起司粉2大匙
- 橄欖油3大匙
- 堅果少許
- 鹽、胡椒粉各少許

作法

1. **處理茄子**　茄子去蒂、洗淨後，對半切開、再切大片。
2. **製作青醬**　將羅勒葉、蒜頭、橄欖油等青醬材料拌勻。
3. **抹醬烘烤**　將茄子放上烘焙紙後，抹上攪拌均勻的青醬，以溫度200℃的氣炸鍋烤15分鐘。
4. **盛入盤中**　將烤好的茄子盛入盤中，撒上帕馬森起司粉後，放上芝麻葉和烤松子，最後淋上自己喜歡的醬料即完成。

1

2

3

TIP

★ 青醬可以直接在大型超市或百貨公司食品區購買。
★ 帕馬森起司粉可以用大塊起司磨碎來代替，香氣會更迷人。

180℃

35分鐘

迷你烤彩椒鑲肉

這道迷你烤彩椒以彩椒加入碎肉和起司一起烤，滿滿起司的香氣搭配彩椒，一點也不油膩，是讓每個人都想享用的美好滋味。

材料

迷你甜椒5個
番茄醬5大匙
披薩用乳酪條1/2杯
帕馬森起司粉5大匙
碎芹菜1大匙

內餡

- 牛絞肉250g
- 洋蔥末1/2個
- 蒜頭末1大匙
- 鹽1/2小匙
- 胡椒粉少許

作法

1. **處理甜椒** 將甜椒洗淨後，對半切開、去籽。
2. **處理牛肉餡** 以紙巾拭乾牛絞肉的血水，再加入洋蔥末、蒜末、鹽、胡椒粉拌勻成肉餡。
3. **將肉餡放入甜椒** 在甜椒內抹番茄醬，再放上處理好的牛肉餡。
4. **用氣炸鍋烤** 氣炸鍋中鋪上烘焙紙，放上甜椒以溫度180℃烤20分鐘。
5. **加起司烤** 取出甜椒，加披薩用乳酪絲和帕馬森起司粉，再放回烤15分鐘至起司完全融化即完成。

1

2

3

TIP

★甜椒內若放過多肉，會不容易熟透，因此要控制份量不能太多。

180℃

20分鐘

肉丸義大利麵

這是搭配自己手工製作的肉丸的義大利麵。將肉丸烤至金黃後，就完成漂亮又好吃的料理了。

材料

肉丸

- 牛絞肉300g
- 麵包粉1/2杯
- 洋蔥末6大匙
- 蒜末1小匙
- 鹽、胡椒粉各少許
- 孜然粉1小匙
- 牛奶1/2杯
- 雞蛋1顆

螺旋麵100g
橄欖油1大匙
番茄醬1杯
披薩用乳酪絲3大匙
百里香1株

作法

1. **混合肉丸食材**　先將牛絞肉、麵包粉、洋蔥末、蒜末、鹽、胡椒粉、孜然粉拌勻。再加入牛奶、雞蛋攪拌。
2. **做成肉丸**　將調味好的牛肉食材揉成桌球大小的圓球狀。
3. **用氣炸鍋烤**　將肉丸放入溫度180℃的氣炸鍋中烤15分鐘。
4. **燙螺旋麵**　滾水中加入少許橄欖油，放入螺旋麵燙7分鐘後，瀝乾水分。
5. **再一起放入氣炸鍋**　在耐熱容器中放入螺旋麵和番茄醬，再放上肉丸、撒上披薩用乳酪絲，以溫度180℃烤5分鐘，取出，放上百里香裝飾即完成。

TIP

★ 依個人喜好，螺旋麵也可以用筆管麵或其他義大利麵代替。

150℃

30分鐘

蔥絲牛排

菲律賓的代表烤肉料理，也能在家輕鬆製作。先將牛肉醃製過後，再以氣炸鍋烤過就可以了。搭配切絲的蔥，美味不輸給菲律賓當地現做的味道。

材料

牛橫膈膜肉400g
去皮洋蔥1/2顆
蔥少許

醃料

醬油2大匙
食醋1大匙
蜂蜜2大匙
碎蒜頭1/2大匙

作法

1. **處理牛肉**　牛肉去血水後瀝乾，倒入醃料中的醬油、食醋、蜂蜜和碎蒜頭醃製，放入冰箱冷藏30分鐘。
2. **切洋蔥、蔥**　將洋蔥和蔥洗淨，切成細絲。
3. **用氣炸鍋烤**　鍋內底部鋪上烘焙紙，放上醃製好的牛肉、洋蔥以溫度150℃烤30分鐘。過程中要翻面一次。
4. **搭配蔥**　在盤中放入烤好的牛肉後，放上蔥絲即可享用。

TIP

★醃過的肉在烤的時候，上方較容易烤焦，建議要鋪蓋一層鋁箔紙。

TIME
VOTO

Part

06

不用羨慕麵包店
甜點也能自己在家做

DESSERT

AND

BREAD

180℃

17分鐘

蒙特克里斯托三明治

這道料理是在吐司中加入火腿和起司，再沾麵包粉烤的蒙特克里斯托三明治。甜甜的草莓醬和起司、火腿是絕配組合。

材料

吐司3片
火腿片4片
切達起司2片
草莓果醬2大匙
芥末醬1大匙
雞蛋2顆
麵包粉1/2杯
食用油少許

作法

1. **第一片吐司抹果醬、放火腿和起司**　吐司抹草莓醬，放上2片火腿和1片切達起司。
2. **第二片吐司抹芥末醬**　在步驟1.的吐司上方再放上吐司、抹芥末醬後，再放上2片火腿和1片切達起司。
3. **以抹果醬的吐司覆蓋**　最後一片吐司抹草莓醬，以抹醬的面朝下覆蓋。
4. **沾雞蛋液、麵包粉**　將三片疊好的吐司表面均勻沾上雞蛋液、麵包粉。
5. **用氣炸鍋烤**　放入氣炸鍋中，均勻灑食用油後，以溫度180℃烤10分鐘，翻面再烤7分鐘。

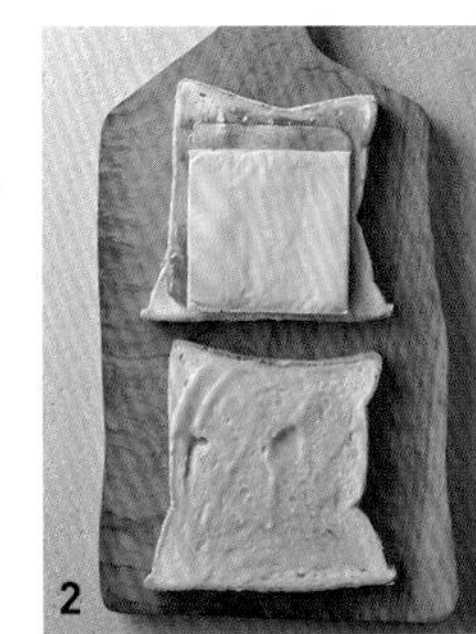
2

4

TIP

★沾麵包粉的料理最好能以刷子抹油再烤，如果沒有刷子，也可以用手指抹食用油。

180℃→
160℃

15分鐘

巧克力豆餅乾

這道料理以小平底鍋烤，只要準備小平底鍋和餅乾粉就能輕鬆製作。如果在餅乾上再加一點冰淇淋或鮮奶油，美感和味覺會更提升。

材料

奶油70g
雞蛋1/2顆
餅乾粉1袋（300g）

作法

1. **奶油加雞蛋拌勻** 將奶油隔水加熱融化後，加入一半的蛋液拌勻。

2. **攪拌奶油餅乾粉** 將步驟1.的成品加入餅乾粉拌勻成團。

3. **放上平底鍋** 在平底鍋中均勻抹上奶油、放上餅乾麵團後，放入氣炸鍋中以溫度180℃烤10分鐘。

4. **用氣炸鍋烤** 中間取出並在上方覆蓋鋁箔紙，將溫度調降至160℃再烤5分鐘。

2

3

TIP

★ 如果氣炸鍋太小，沒有辦法放入小平底鍋的話，可以用耐熱容器烤。或是可以準備可拆手把的小平底鍋。

180℃→
160℃

15分鐘

雞蛋麵包

韓國冬日的暖胃小點——雞蛋麵包，只要有鬆餅粉和雞蛋，就能輕鬆烤出來。雞蛋上加一點香芹粉，香氣更強烈，自己做的吃起來不只更美味也安心。

材料

鬆餅粉2杯
牛奶1杯
食用油少許
雞蛋4顆
鹽少許
砂糖1小匙
香芹粉少許

作法

1. **鬆餅粉拌牛奶**　鬆餅粉加入牛奶拌勻，製成鬆餅粉麵團。
2. **倒麵團入耐熱容器**　在耐熱容器先抹上食用油，再倒入鬆餅粉麵團。
3. **打蛋加入**　在各容器的麵團上各打入一顆雞蛋，並撒鹽、糖、香芹粉。
4. **放入氣炸鍋**　放入氣炸鍋中以溫度180℃烤10分鐘，再調降至160℃烤5分鐘。

TIP

★ 想增加口感的話，加起司或培根一起烤也很好吃。

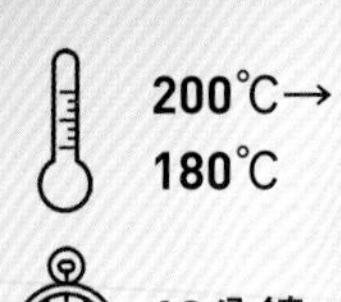

200℃→
180℃

18分鐘

肉桂胡桃烤蘋果

在蘋果上加一點肉桂奶油一起烤，就能完成這道料理。帶口感的蘋果搭配肉桂香氣，尤其適合在冬日享用。

材料

蘋果1顆
堅果1大匙
迷迭香1枝

肉桂奶油

- 無鹽奶油1大匙
- 砂糖1大匙
- 檸檬汁1小匙
- 肉桂粉少許

作法

1. **蘋果切片**　將蘋果去籽，切成0.5公分的薄片。
2. **製作肉桂奶油**　無鹽奶油放入微波爐中融化，加入砂糖、檸檬汁、肉桂粉拌勻做成肉桂奶油。
3. **蘋果抹肉桂奶油**　在耐熱容器中整齊放入蘋果，並抹肉桂奶油。
4. **剩餘奶油拌堅果**　剩下的肉桂奶油加堅果拌勻。
5. **用氣炸鍋烤**　將耐熱容器放入氣炸鍋中，以溫度200℃烤10分鐘後，將溫度調降至180℃，放上步驟4.的成品再烤8分鐘，取出後以迷迭香裝飾即完成。

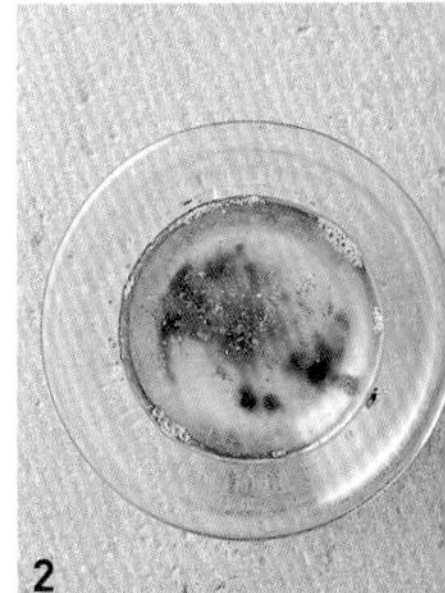

TIP

★ 製作肉桂奶油時，如果加一點白酒或奶酒，更容易帶出香氣。
★ 融化奶油時，為避免奶油燒焦，所以要將微波爐火力設定調弱。

烤香蕉佐抹茶冰淇淋

這道料理由奶油烤香蕉搭配冰淇淋。尤其溫熱的香蕉配上抹茶冰淇淋的組合，對味覺來說是全新享受。

材料

香蕉1條
奶油1小匙
黃砂糖2小匙
抹茶冰淇淋1球
糖粉少許

作法

1. **香蕉對半切**　將香蕉去皮、横剖開來。
2. **融化奶油、砂糖**　將奶油和砂糖放入碗中，微波1分鐘使其融化。
3. **抹奶油**　香蕉抹上融化的奶油，放入溫度180℃的氣炸鍋中正反面各烤3分鐘。
4. **盛入盤中**　香蕉盛入盤中、放上抹茶冰淇淋，再撒糖粉即完成。

1

2

TIP

★如果喜歡單純的香甜味，烤香蕉搭配鮮奶油也很美味；如果想吃帶有「大人感」的甜點，就加點堅果吧。

法式吐司棒

這道料理將吐司切成長條，做成法式吐司棒。外酥內軟搭配楓糖，大人小孩都會愛不釋手。

材料

吐司2片
融化的奶油2大匙
楓糖2大匙

蛋液

- 雞蛋2顆
- 牛奶3大匙
- 肉桂粉少許
- 鹽少許

作法

1. **切吐司**　將吐司切成2公分寬的長條。
2. **製作蛋液**　雞蛋打散後以濾網濾過一次，加入牛奶、肉桂粉、鹽拌勻成蛋液。
3. **吐司沾雞蛋液**　將吐司均勻沾滿蛋液。
4. **用氣炸鍋烤**　將吐司放入氣炸鍋中，單面均勻抹上奶油後，以180℃烤1分30秒，翻面再抹奶油、烤1分30秒即完成。可搭配著楓糖享用，十分美味。

1

4

TIP

★吐司若不沾雞蛋液，直接烘烤後加糖也沒問題。

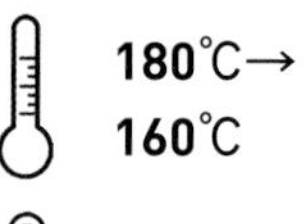

180℃→
160℃

18分鐘

核桃塔

這是利用消化餅乾簡單製作的核桃塔。製作內餡時，加入滿滿的碎核桃，風味和營養都充足。

材料

碎核桃100g

塔皮

- 消化餅乾10個
- 融化的奶油75g

內餡

- 奶油20g
- 黑砂糖30g
- 寡糖20g
- 肉桂粉1小匙
- 雞蛋1顆

作法

1. **製作塔皮**　將消化餅乾放入袋子中搗碎後，加入融化的奶油攪拌成麵團。
2. **放入模型中烤**　用力將麵團壓入模型中，並以湯匙壓出凹陷，以溫度180℃烤5分鐘。
3. **製作內餡**　將雞蛋以外的所有食材拌勻，放入碗中邊攪拌邊隔水加熱，冷卻後打入雞蛋拌勻，再加入碎核桃。
4. **倒上塔皮烤**　在塔上加入內餡，以預熱溫度達180℃的氣炸鍋烤8分鐘，再將溫度調降至160℃烤5分鐘。

1

2

3

TIP

★想簡化製作流程的話，可以直接利用市售的塔皮。

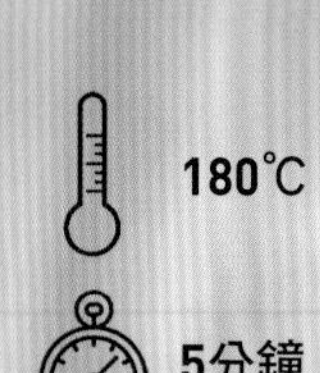

蘋果派

用吐司包覆蘋果內餡，就能簡單製作蘋果派。香甜的蘋果派，最適合搭配咖啡、茶、牛奶當作下午茶點心。

材料

吐司4片
雞蛋1顆
融化的奶油1大匙

蘋果餡

- 蘋果1顆
- 砂糖3大匙
- 檸檬汁1大匙
- 肉桂粉少許

作法

1. **切碎蘋果**　蘋果去皮、切碎。
2. **加糖炒蘋果**　蘋果分3次加入砂糖一起炒，最後再加檸檬汁和肉桂粉一起收汁。
3. **製作蛋液、壓吐司**　雞蛋攪勻做成蛋液，另將吐司去邊、壓扁。
4. **吐司上放蘋果**　在吐司半側放上蘋果，四邊抹上蛋液對折、壓實。
5. **用氣炸鍋烤**　將蘋果派放入氣炸鍋中、抹上奶油後，以180℃烤5分鐘即完成。

1

2

4

TIP

★ 如果覺得製作蘋果內餡太麻煩，不妨利用市售的蘋果醬。加入草莓醬或藍莓醬也很美味。

蔓越莓司康

想不到吧？美味的司康也可以用氣炸鍋烤出來哦。在司康內加入蔓越莓乾，甜中帶酸的口感和層次，搭配咖啡或茶，是完全不輸麵包店的下午茶點心。

材料

司康粉1袋（300g）
冷藏奶油100g
牛奶80g
蔓越莓乾80g
雞蛋1顆

作法

1. **司康粉加奶油** 司康粉加入回溫的奶油塊，以手捏拌勻成麵團。
2. **加入牛奶、蔓越莓** 在麵團中加牛奶、蔓越莓拌勻，跟麵團揉在一起。
3. **冷藏發酵** 將麵團裝袋放入冰箱，冷藏30分鐘以上。
4. **切麵團抹雞蛋液** 將麵團取出，切成三角形，放到烘焙紙上、並抹上打散的蛋液。
5. **用氣炸鍋烤** 放入溫度180℃的氣炸鍋中烤15分鐘，再調整溫度至150℃烤10分鐘。

2

4

TIP

★ 麵團攪拌過久的話，司康會變硬，只要輕輕攪拌到看不到司康粉即可。
★ 搭配楓糖或喜歡的果醬嚐起來會更美味。

180℃

15分鐘

鮮奶油馬芬

這道甜點以鬆軟的馬芬加上甜口的鮮奶油。馬芬原本就是美味的甜點，再加上鮮奶油和一點當季水果，更能增添風味。

材料

雞蛋2顆
牛奶80mL
融化的奶油70g
馬芬粉1袋（300g）
鮮奶油適量

作法

1. **混合攪拌雞蛋、牛奶**　在碗中打入雞蛋拌勻，加入牛奶輕輕攪拌。

2. **加入奶油、馬芬粉後放入模型中**　在雞蛋、牛奶中加入融化的奶油和馬芬粉攪拌均勻後，放入模型中。

3. **用氣炸鍋烤**　將馬芬放入預熱溫度達180℃的氣炸鍋中烤15分鐘，取出。
4. **放上鮮奶油**　烤好的馬芬冷卻後，以擠花袋擠上鮮奶油。

TIP

★ 馬芬還是熱的時候加上鮮奶油會融化，建議等馬芬冷卻後再加上鮮奶油。
★ 若想更簡便製作，可以使用現成的市售烘焙鮮奶油。

150℃

6分鐘

棉花糖淋巧克力醬

將棉花糖稍微烤過後，沾點巧克力品嘗看看。甜甜的柔軟滋味特別受小孩子喜愛。

材料

竹籤4支
棉花糖12個
黑巧克力100g

作法

1. **製作棉花糖串**　竹籤泡水約10分鐘，再串上棉花糖。
2. **融化巧克力**　在耐熱容器中放入黑巧克力，以150℃的氣炸鍋烤3分鐘，使其融化。
3. **烤棉花糖**　在溫度已達150℃的氣炸鍋鋪烘焙紙，放入棉花糖烤3分鐘即完成。

1

2

TIP

★ 竹籤記得先泡水再使用，才不會燒焦。
★ 如果不用串叉的方式，將棉花糖放入耐熱容器，製作成雲朵棉花糖也很美味。

台灣廣廈國際出版集團
Taiwan Mansion International Group

國家圖書館出版品預行編目（CIP）資料

一鍋搞定！365天氣炸鍋料理：從三餐、甜點到下酒菜，一個人×一家人的省時・減油・美味料理 / 張年廷著；陳靖婷譯. -- 初版. -- 新北市：臺灣廣廈, 2020.04
面；　公分
ISBN 978-986-130-455-7（平裝）

1.食譜

427.1　　　109001460

一鍋搞定！365天氣炸鍋料理

從三餐、甜點到下酒菜，一個人×一家人的省時・減油・美味料理

作　　者／張年廷
翻　　譯／陳靖婷
編輯中心編輯長／張秀環・**編輯**／黃雅鈴
封面設計／張家綺
內頁排版／菩薩蠻數位文化有限公司
製版・印刷・裝訂／東豪・弼聖・秉成

行企研發中心總監／陳冠蒨
媒體公關組／陳柔彣
整合行銷組／陳宜鈴
綜合業務組／何欣穎

發 行 人／江媛珍
法律顧問／第一國際法律事務所 余淑杏律師・北辰著作權事務所 蕭雄淋律師
出　　版／台灣廣廈
發　　行／台灣廣廈有聲圖書有限公司
地址：新北市235中和區中山路二段359巷7號2樓
電話：（886）2-2225-5777・傳真：（886）2-2225-8052

代理印務・全球總經銷／知遠文化事業有限公司
地址：新北市222深坑區北深路三段155巷25號5樓
電話：（886）2-2664-8800・傳真：（886）2-2664-8801
網址：www.booknews.com.tw（博訊書網）
郵政劃撥／劃撥帳號：18836722
劃撥戶名：知遠文化事業有限公司（※單次購書金額未達500元，請另付60元郵資。）

■出版日期：2020年04月
ISBN：978-986-130-455-7